建设工程关键环节质量预控手册

交通分册

道路篇

上海市工程建设质量管理协会
上海市交通建设工程安全质量监督站　主编

同济大学出版社

图书在版编目(CIP)数据

建设工程关键环节质量预控手册. 交通分册：道路篇/上海市工程建设质量管理协会，上海市交通建设工程安全质量监督站主编. —上海：同济大学出版社，2021.10

ISBN 978-7-5608-9950-3

Ⅰ.①建… Ⅱ.①上… ②上… Ⅲ.①公路运输—交通运输建设—工程质量—质量控制—手册 Ⅳ.①TU712.3-62

中国版本图书馆 CIP 数据核字(2021)第 208983 号

建设工程关键环节质量预控手册(交通分册)：道路篇

上海市工程建设质量管理协会
上海市交通建设工程安全质量监督站 **主编**

策　　划 高晓辉　**责任编辑** 高晓辉　**责任校对** 徐逢乔　**封面设计** 陈益平

出版发行 同济大学出版社　www.tongjipress.com.cn
(地址:上海市四平路 1239 号　邮编:200092　电话:021-65985622)
经　　销 全国各地新华书店
排　　版 南京文脉图文设计制作有限公司
印　　刷 上海丽佳制版印刷有限公司
开　　本 787 mm×1092 mm　1/16
印　　张 8
字　　数 200 000
版　　次 2021 年 10 月第 1 版　2021 年 10 月第 1 次印刷
书　　号 ISBN 978-7-5608-9950-3

定　　价 70.00 元

编委会

前言

进入新时代，为深入贯彻落实《中共中央　国务院关于开展质量提升行动的指导意见》，坚持以质量第一的价值导向，顺应高质量发展的要求，确保工程建设质量和运行质量，建设百年工程。

交通建设工程质量，事关老百姓最关心、最直接、最根本的利益，事关人民对美好生活的向往。随着社会的进步，人民群众对交通建设工程品质的需求日益提高。近年来，国家持续开展工程质量治理和提升行动，在上下一致、持之以恒的不懈努力下，上海市交通建设领域的工程建设质量全面提升，有力推动了技术进步、工艺革命、管理创新。质量提升永无止境，面对新形势、新要求，我们要把人民群众对高品质工程的需求作为根本出发点和落脚点。

近年来交通建设工程迅猛发展，项目中质量问题时有发生，特别是一些质量问题在竣工交付运行后得不到根治。从发生质量问题的项目情况来看，其原因有前期盲目抢工、施工工艺不达标、关键节点做法不正确、施工过程监管不到位等，后续整改维修费时费力，需加强前端针对性预控措施。交通工程质量问题，重在预控。

为进一步实现“高质量”的发展要求，全面实现上海市“十四五”规划中“推动高质量发展、创造高品质生活、实现高效能治理”的城市发展目标，上海市工程建设质量管理协会、上海市交通建设工程安全质量监督站在参照国家、上海市现行有关法律、法规、规范及工程技术标准基础上，组织上海市各大施工单位总结了工程建设质量管理和质量防治的相关经验，编制了《建设工程关键环节质量预控手册》（交通分册）（以下简称《质量预控手册交通分册》）。

《质量预控手册交通分册》分为道路篇、桥梁篇、轨交篇、水运篇，比较详细地分析了交通领域基础设施建设过程中对结构安全、运行安全有较大影响的关键环节质量问题的成因、表现形式，提出了针对性的预控手段。

《质量预控手册交通分册》适用于交通领域工程建设现场管理人员的日常质量管理，既可作为现场质量管理的工具书，也可作为参建单位的内部质量培训教材，对建设、勘察、设计、施工、监理等参与工程建设的各相关方提升质量管控水平都有较好的指导、借鉴意义，对实现上海市交通领域工程建设“粗活细做、细活精做、精活匠做”的质量管理宗旨有较大的推进作用。

鉴于时间和水平所限，不足之处在所难免。如有不妥之处，恳请业界同仁批评指正。

编者

2021 年 8 月

目录

1 总则

本书是交通分册道路篇，适用于上海市交通建设领域道路（公路）工程建设项目施工质量问题的预控。

本书以现阶段上海市交通建设领域常见的道路（公路）结构类型、常用的施工工艺为分析对象，以可能对工程实体结构安全与后期运营安全产生较大影响的关键性质量问题、行业与社会普遍关注的热点问题为主要切入点，以道路（公路）建设过程中产生的关键性施工质量问题为导向，以工程建设质量管理责任、技术与工艺原因为重点，以强化责任主体管理职责、四新技术应用为主要防治手段，明确各方的质量管理职责，指导各方责任主体管理人员、现场作业人员提升质量意识与职业技能，以期工程建设参建各方在工程实施前提前分析预判质量管理的重点、难点，并在实施过程中强化质量管理手段和绩效管控，进而全面提升上海市交通建设领域道路（公路）工程建设实体水平。

本书由上海市工程建设质量管理协会、上海市交通建设工程安全质量监督站主编，由上海公路桥梁（集团）有限公司、上海市政工程设计研究总院（集团）有限公司、上海电科智能系统股份有限公司、中海环境科技（上海）股份有限公司等单位组织编撰，在此致以衷心的感谢。

2 基本说明

根据现阶段上海市交通建设领域常见的道路(公路)结构主要类型、主要施工工艺,本书分为路基土方、排水工程、挡土墙与防护工程、路面工程、交通安全设施、环保工程(声屏障)、机电设施等共计 7 个主要章节,提出了 105 个问题,分析了 361 条原因,并针对性地制定了 405 项预控措施。

内容中既涵盖了水泥稳定粒料基层和底基层、沥青混凝土面层等传统施工领域,也有与上海市地理地质条件密切相关的软土地基处理预控要求与措施,并对以往既有资料中容易忽视的交通安全设施、环保工程(声屏障)、机电设施工程的质量预控措施进行了深入的分析阐述。

随着上海市交通建设的迅猛发展,地下通道设施日益增多,本书内容虽不涉及地下通道土建施工阶段的质量关键环节预控管理,但对地下通道的机电设施质量问题预控管理提出了相关的管控要求。

同时,编撰单位还积极适应城市交通建设快速发展的要求而提出了道路(公路)改扩建拓宽工程施工的相关质量预控措施,并针对道路(公路)工程项目建设的各个施工环节从作业环境、作业条件、施工工艺、施工材料等方面进行了全面细致的质量管理分析以适应城市交通建设精细化管理日益提高的要求。

3.1 填方路基与挖方路基

3.1.1 填土路基沉陷控制

【问题描述】

道路路基因基底处理不到位、路基填料粒径及强度与设计要求不符、压实度不足、软基未按设计要求处理、自然沉降时间不足等原因而在垂直方向产生较大的变形和沉陷，导致坑塘和裂纹或路基整体下沉（图 3-1）。

图 3-1　填土路基下沉

【原因分析】

（1）填筑前对基底处理不当，如：对基底表面的杂草、有机土、种植土及垃圾等未完全清除；对耕地和土质松散的基底在填筑前未压实到位。

（2）路基填料选取不当，如采用粉质土或含水量过高的黏土等填料，不易压实。

（3）不同土质的材质没有分层填筑，而采用混合填筑；相同材质的填料未分层压实或分层最大压实厚度超限；压实过程中有倾斜碾压现象。

（4）压实机械选择不当或压实方法不对，压实遍数不够等导致压实度不足或压实不均匀。

（5）路基下存在软基，路基填筑前没有按设计要求对软基进行处理，或地勘报告等设计文件未发现该路段下存在软基,造成在路基自重作用下,软基压缩沉降或因承载力不足向两侧挤出,引起路基沉陷。

(6) 软基虽经处理,但因工期较紧,路基自然沉降时间不足,引起工后沉降过大。

【预控措施】

(1) 填筑前应对基底进行彻底清理,挖除杂草、树根,清除表面有机土、种植土和垃圾,对耕地和土质松散的基底应进行压实处理,高速公路和一级公路基底压实度(重型)不应小于90%,路基填土高度小于80 cm时,不宜小于路床的压实标准。

(2) 宜选用级配较好的粗粒土作为填筑材料,当采用细粒土时,如含水量超过最佳含水量2%以上,应采取晾晒或掺入石灰、固化材料等技术措施进行处理。

(3) 用不同填料填筑路基时,应分层填筑,每一水平层均应采用同类材料,不得混填。土方路基应分层压实整平,每层压实厚度不宜超过20 cm,路床顶面最后一层的最小压实厚度不应小于8 cm。

(4) 填土路基施工中应按《公路路基施工技术规范》(JTG/T 3610—2019)要求配备相应的整平碾压机具,设置试验路段,通过试验路段确定压实工艺的机械组合、松铺厚度、碾压遍数、最佳含水量等参数,并在后续施工中严格执行(图3-2)。

图3-2 填土路基碾压

(5) 按设计文件要求对软基进行处理。如在项目实施过程中发现地质情况与勘察、设计文件资料有较大差异时,应及时向建设单位汇报,建设单位应及时组织勘察、设计单位会商解决措施。

(6) 按试验段确定的工艺对路基进行分层压实,确保压实度满足设计要求;路基沉降时间一般为6个月左右,根据施工组织设计合理安排路基施工时间,高填土路基施工应在路面结构施工 6 个月前完成,以使路基自然沉降趋于稳定;路基施工时设置沉降观测点,以观测路基沉降情况;如道路通车工期紧张的路段可采用沥青表处等较简单的过渡期路面,待路基沉降稳定后,铺设水泥混凝土路面或沥青路面,以最大程度减少经济和社会效益损失。

3.1.2 高填土路基边坡塌陷控制

【问题描述】

由于高填土路基的边坡压实度不足,处理工艺不当,引起路基边坡出现滑落、塌陷等病害(图 3-3、图 3-4)。

图 3-3 高填土路基边坡

图 3-4 高填土路基边坡塌方

【原因分析】

(1) 路基填料土质差,混进了种植土、腐殖土、垃圾土或泥沼土等劣质土,或是掺杂了大块土等,填料抗水性差、强度低。

(2) 边坡土压实度不足。碾压机械选择不当或压实不到位,边缘碾压遍数不够,压实时填土含水量控制不当,填筑分层厚度过大。

(3) 坡顶、坡脚未做好排水措施,由于水的渗入,填土内聚力降低,或坡脚被冲刷掏空。

(4) 路基填筑层有效宽度不足,路基边坡没有同路基同步填筑,边坡进行二期修补,易造成边坡滑坡。

(5) 坡面防护措施不足,防护材料种类或防护措施等选取不当,局部受雨水冲毁后未及时修复。

(6) 高填路基处理措施有漏项。位于沿河、鱼塘地段的路基,由于未采取防护措施,长期受水浸淹和鱼蚕食,使路基坡脚和边坡逐渐侵蚀,造成坍塌。

(7) 路基边坡坡度过陡,尤其在路基填土高度较大时,未进行滑裂验算。

【预控措施】

(1) 应选取挖取方便、易压实、强度好、水稳定性好的路基填料,必须明确不同填高内路基填料的 CBR 值(最小强度)及最大粒径要求。路床填料最大粒径不大于 100 mm,土质路基填料最大粒径不大于 150 mm。种植土、腐殖土、淤泥冻土及强膨胀土等劣质土严禁直接用于填筑路基。砂类土、砾(角砾)类土应优先选作路床填料,土质较差的细粒土可填于路堤底部。

(2) 碾压施工中合理组织工具、人员调配工作。制定合理的压实速度、压实机具型号组合、压实遍数等碾压工艺,提高填筑压实度;在路基填筑过程中每公里至少检测两次填土含水量,保证填土处于最佳含水量;边坡土应分层压实整平,每层压实厚度不宜超过 20 cm。

(3) 坡顶、坡脚要开好排水沟或做好其他排水措施,路基边坡较高时,可设置拦水带,并通过急流槽将水排出路基。

(4) 路基边坡应同路基一起全断面分层填筑压实。建筑宽度应比设计宽度大出 20～50 cm,然后削坡成型。新旧路基填方、边坡的衔接处,应开挖台阶,台阶底应为 2%～4%向内倾斜的坡度。

(5) 边坡可以采用植物防护、圬工防护和土工织物防护等,如植草、种草皮防护或采用水泥混凝土砌块防护,抹面、捶面防护,土工织物等防护措施,防止水流冲击。

(6) 沿河、鱼塘地段的路基应设边坡防护,如抛石防护、石笼防护、浆砌或干砌块石护坡,或加大边坡,一般在设计水位以下可采用 1∶1.75～1∶1.2,常水位以下为 1∶2～1∶3。

(7) 路基应按设计要求或有关规范要求的坡度放坡。如因现场条件所限达不到规定的坡度要求时,应请设计进行验算,制定处理方案,如采取反压护道、砌筑挡墙、用土工合成材料包裹等。

3.1.3 道路改扩建拓宽工程路基不均匀沉降控制

【问题描述】

道路改扩建工程的新老路基部位,由于填料选取不当、压实度不足、新老路基拼接处处置措施不当、路基固结沉降时间不足等原因,发生不均匀沉降,导致路面拼缝位置产生纵向开裂,雨水渗入路基引发路基损坏(图 3-5)。

图 3-5 新旧路面接缝处路基沉陷

【原因分析】

(1) 采用不符合《公路路基施工技术规范》(JTG/T 3610—2019)中 4.1.2 节规定的土作为路基填料,或原土路肩、硬路肩部位不适宜做填料的材料换填不彻底、填料粒径偏大、含泥量多、透水性不佳等,使新老路基拼接处形成薄弱的带状结合面。

(2) 压实机械的数量、吨位和组合选取不合理,导致新建路基压实度不足。

(3) 改扩建新路基铺筑之前未对地基进行妥善处理,尤其是地基状况不良路段,地基的状况直接影响改扩建公路的整体稳定性。

(4) 新建路基由于压实机械选取不合理或分层填筑厚度过大等原因,压实度不足,引起不均匀沉降,使新老路面结合部开裂。

(5) 路基排水措施不到位,如施工作业层面未设2%～4%的排水横坡、截水沟未按设计要求进行防渗及加固处理、排水沟出水口未设置跌水和急流槽等,雨水渗入新老路基,使得结合部土体的强度降低,影响结合面的黏结固结效果。

(6) 新老路基拼接部处置措施不当。如结合部表面土未处置、未按照规范及设计要求开挖台阶、新旧路基的搭接宽度和厚度不符合要求等,导致拓宽路基沿结合面产生滑移或蠕变,在拼接部路面产生纵向裂缝。

【预控措施】

(1) 应按照《公路路基施工技术规范》(JTG/T 3610—2019)的要求选取适宜的路基填料。优良的填筑材料可以有效减小新拓宽路基的沉降量,从而减小新旧路基的沉降差。拓宽路堤的填料宜选用与老路堤相同的填料,或者选用水稳定性较好的砂砾、碎石等填料,可以使路基在结合处合理过渡,同时降低了因填料性质不同导致滑坡等病害发生的概率。严禁将边坡清挖物作为新路堤填料。

改扩建工程可采用新型轻质路堤填筑材料,如EPS材料、泡沫轻质土等,这类材料具有轻质、易于排水的优点,能够减小新建路基自身重量,有效控制自重作用引起的竖向变形及地基的固结下沉,从而改善新旧路基间的差异沉降。

(2) 应通过铺筑试验段来合理选择压实机械的数量、吨位和组合。

(3) 基底处理。对于含水量较大的土质可以采取的处理措施有强填处置法,掺加石灰、水泥或二灰处置法,换填加筋法,碎石垫层处置法,抛石挤淤处置法等。对于软弱地基可采用换填软弱土、强夯等软基处理方法。经过合理处置的地基能够降低工后沉降,有效减小加宽结合处产生的不均匀沉降。

(4) 控制压实度。路基压实度的控制标准宜在规范标准的基础上提高1%。施工时应控制填料厚度并确保每层填料的压实度。提高新填路基的压实度,即在路基施工期间最大限度地压缩路基填筑材料,可以减少路基后期的自由固结变形量,从而减少新旧路基出现的沉降差。

(5) 排水措施。合理设计改扩建道路的排水设施,减少路面水下渗进入路基,保证路基环境的温湿度情况,以减少水损坏带来的不利影响。施工前应截断流向拓宽作业区的水源,开挖临时排水沟,保证施工期间排水通畅。可在旧路面边缘设计排水盲沟,在中央分隔带设置碎石排水墙排除中央分隔带下渗水,在路基两侧设置截水碎石墙降低路基两侧积水进入路基内部的概率,设置路基碎石排水层阻隔地下水上升到路基。

(6) 新旧路基搭接。采取合理的搭接方式确保新旧路基衔接紧密。新旧路堤交界的坡面挖除清理的法向厚度不宜小于0.3 m,从旧路堤坡脚向上按设计要求挖设台阶,保证新旧路基的整体性,并按设计要求布置土工格栅。

(7) 加强拓宽路基的沉降以及高路堤、不良地质路堤的稳定性观测,确保符合设计要求。

3.1.4 路基碾压出现弹簧土现象控制

【问题描述】

道路路基土在碾压时受压处下陷,周边弹起,如弹簧般上下抖动,路基土形成软塑状态,体积没有压缩,导致设计高程、压实度、平整度等指标达不到规定要求(图 3-6)。

图 3-6 弹簧土现象

【原因分析】

(1) 填料系黏性土,且含水量远高于最佳含水量。

(2) 局部填土混入过湿的淤泥、沼泽土、有机土、腐殖土以及含有草皮、树根和生活垃圾的不良填料。

(3) 碾压工艺及参数不当,过度碾压,土的颗粒间空隙减小,水膜增厚,抗剪力减小引起弹簧现象。

(4) 施工时路基表面积水未能及时排除,水分渗入路基内部,导致含水量超过最佳含水量,出现碾压弹簧现象。

(5) 碾压层下卧层过软,含水量过大,在上层碾压过程中,下层产生弹簧反应到上层引起弹簧;或者下层水分通过毛细作用,渗入上层路堤,增加了上层土的含水量,引起弹簧现象。

(6) 透水性好和透水性差的土壤混填,形成"水囊"。

【预控措施】

(1) 回填土应优先选用透水性良好、强度较高的砾类土和砂类土,其含水量应严格控制在施工规范的要求范围内,方可进行回填和碾压施工。

(2) 填料拌和时应控制含水量,如土壤过湿应先行翻晒,宜采用掺石灰的措施,以缩短晾晒时间,降低土壤的含水量(图 3-7)。

图 3-7　路基填料翻晒

(3) 应通过铺筑试验段确定最佳工艺参数,回填铺筑厚度应严格控制在 15~30 cm 之内。回填土的压实质量应得到保证,特别是路基边缘部分及下水道窨井周围,可采用小型压实机械进行压实;碾压或夯实时,轮迹或夯迹应相互衔接,防止出现漏压、漏夯区域。

(4) 路基表面存在地表水时,应及时设法排水,可设置纵、横向碎石排水盲沟,做到及时有效排水。施工时应注意气象情况,摊铺后及时碾压,避免摊铺后碾压前的间断期间遭雨袭击,造成含水量过高以致无法碾压或勉强碾压引起弹簧土。

(5) 针对软土地基的"弹簧土"病害,主要防治措施包括机械翻晒法、土体换填法、石灰吸水法、水泥吸水法、化学注浆法、打入砂(石)桩法、化学压浆法、各类降低水位法及各类透水性材料垫层法等。

机械翻晒法直接利用原路基的回填土体进行挖取、翻拌、晾晒等操作,即可达到降低其含水量的目的。土体换填法换填规定含水量的良性土,换填深度一般控制在 0.5~3 m 之间。化学注浆法是利用压力将能固化的浆液通过钻孔注入路基土体孔隙中,使其物理力学性能得到改善从而加固路基的方法,其处理深度在 2~8 m 之间,且需要专门机械和进行钻孔、配浆、压注、封堵、防污等施工环节。路基填土高度较小、"弹簧土"层和其下的潮湿土层厚度在 30 cm 之内、工期较紧时,采用无机结合料稳定处理,根据含水量大小、材料来源情况,采用掺加石灰或水泥稳定或改良的处理方法,可使路基的强度和整体稳定性都得到提高。

(6) 透水性好的材料严禁与透水性差的材料混填,透水性好的材料填筑于透水性差的材料上层,其表面应做成 2%~3%的横坡,但透水性差的材料不得填筑在透水性好的材料填筑的路基边坡上。

3.1.5 路基泡沫轻质土强度不达标控制

【问题描述】

路基填注泡沫轻质混凝土时,因水泥、水灰比、配合比、外加剂及养生时间等不符合要求导致强度不达标。

【原因分析】

(1) 所选用的水泥基胶凝材料不合格。

(2) 水灰比过低,浆体材料流动性不足,将引起气泡分布不均,从而降低混凝土的强度。

(3) 施工时泡沫混凝土的配合比没有根据试验而是仅靠经验确定。

(4) 泡沫轻质土施工前未对基底进行处理,基底软弱有积水。

(5) 泡沫轻质土施工中被雨淋导致强度不足。

(6) 外加剂、掺和料等不满足相关技术要求。

【预控措施】

(1) 泡沫轻质土所用的硅酸盐水泥应符合《通用硅酸盐水泥》(GB 175—2020)的规定,快硬硫铝酸盐水泥、快硬铁铝酸盐水泥应符合《快硬硫铝酸盐水泥、快硬铁铝酸盐水泥》(JC 933)的规定。

(2) 配制泡沫混凝土的水泥强度等级,一般不应低于 32.5 MPa,水泥用量一般不宜少于 250 kg/m^3。用于配制泡沫凝土的泡沫剂质量,必须满足以下指标要求:1 h 后泡沫的沉陷距小于或等于 10 mm,1 h 后的泌水量小于或等于 80 mL,泡沫的倍数大于或等于 20。如果受表观密度的限制,无法进一步增大水泥用量和改变水灰比时,可以采用较高一级强度等级的水泥配制泡沫混凝土。初凝前严禁上人踩踏,施工完成后需进行养生。保养期间不得穿钉鞋在上行走,不能堆重物。

(3) 应通过试验确定水泥用量和水灰比,这是满足泡沫混凝土表观密度和抗压强度两个技术指标的重要参数。严格计量工作,不允许用体积比来代替质量比。严格执行通过试验确定的配合比。

(4) 施工前,应清除浇筑区基底的杂物,尤其应清排基底的积水,严禁在基底有水的状态下浇筑。在地下水位以下施工时,应采用临时降水设施确保在基底无积水的情况下浇筑泡沫轻质土,临时降水措施应在泡沫轻质土养护龄期不少于 3 d,且施工满足抗浮要求的条件下方能撤除。基底土层应进行必要的碾压处理,压实度不低于 80%。

(5) 泡沫轻质土在雨天严禁施工。在泡沫轻质土尚未凝结硬化时如被雨淋,会导致严重的消泡现象及水泥浆流失,使泡沫轻质土密度和抗压强度难以控制;泡沫轻质土凝结硬化后,由于泡沫轻质土密度小(约为水的一半),很容易被雨水冲走或浮在水面上。在浇筑过程中,如遇到下雨情况,应马上停止浇筑,并对刚浇筑好的泡沫轻质土进行覆盖(图 3-8)。

图 3-8 雨后泡沫轻质土施工

3.2 软土地基处理

3.2.1 预压与超载预压引起地表隆起及路堤侧向位移控制

【问题描述】

在软土地基上修筑路堤,在预压与超载预压时,若不严格控制填土速度,会造成由于软土地基过度压缩而产生侧向挤压,引起路堤坡脚的水平位移和坡脚外地面隆起。

【原因分析】

地基处置前,应摸排工程地质、地下管线构造物等情况,进行必要的土工试验。路堤填筑时,当路堤高度接近或达到极限填土高度时,没有按规范或设计要求控制填土速度,造成路堤中心线地面沉降速率每昼夜大于 1 cm,坡脚水平位移速率每昼夜大于 0.5 cm,从而产生路堤侧向位移和路堤坡脚外地表隆起,严重时软土地基产生剪切破坏,路堤滑坡。

【预控措施】

路堤填筑过程中,应进行沉降和稳定监测,对于地质条件差、差异变形大的部位应加设观测点,且观测频率应与路基、地基变形速率相适应。当路堤填筑高度接近或达到极限填土高度时,严格控制填土速度以免由于加载过快而造成软土地基剪切破坏,一般每填一层,应进行一次监测,控制标准为路堤中心线地面沉降速率每昼夜不大于 1 cm,坡脚水平位移速率每昼夜不大于 0.5 cm,如超过此限应立即停止填筑(图 3-9)。

图 3-9 堆载预压及沉降观测

3.2.2 灰土换填时表面松散或有扒缝现象控制

【问题描述】

掺拌摊铺的灰土偏离最佳含水量较大,而易出现表面松散或有扒缝现象(图 3-10)。

图 3-10 灰土路基裂缝

【原因分析】

掺拌摊铺的灰土过干或过湿,都偏离最佳含水量较大。往往是过干时,在进行碾压后,再在表面进行洒水,但这样只湿润表层,不能使水分渗透到整个灰土层;过湿时,碾压出现颤动、扒缝现象。

【预控措施】

(1) 石灰土搅拌必须具备洒水设备,如果在取土、运输、翻拌过程中失水,就应在翻拌过程中随搅拌随打水花,直至达到最佳含水量。同时在碾压成活后,如不摊铺上层结构,应不断洒水养生,保持经常湿润(因为灰土初期经常保持一定湿度,能加速结硬过程的形成)。

(2) 取来的土料过湿或遇雨后过湿都应进行晾晒,使其达到或接近最佳含水量时再进行灰土掺拌(图 3-11、图 3-12)。如拌和后的灰土遇雨,也应晾晒,达到最佳含水量进行碾压;如灰土搁置时间过长,应经过试验,如果灰土失效,还应再加灰掺拌后碾压。

图 3-11 灰土拌和

图 3-12 灰土翻晒

3.2.3 用高压旋喷桩进行地基处理时不冒浆或冒浆量少控制

【问题描述】

用高压旋喷桩进行地基处理时,因工艺参数不合理、加固土层粒径过大、孔隙较多等原因产生不冒浆或冒浆量少的现象。

【原因分析】

通常原因是浆液压力过大、加固土层粒径过大、孔隙较多,而施工中未采取加大浆液浓度、灌注黏土浆、掺加骨料等措施。

【预控措施】

(1) 加大浆液浓度,可以将浆液浓度加大到设计浓度的20%～30%继续喷射。

(2) 灌注黏土浆或加细砂、中砂,待孔隙填满后再继续正常喷射。

(3) 在浆液中掺加骨料。

(4) 加泥球封闭后继续正常喷射。

(5) 灌注水泥砂浆后,再将孔内水泥浆置换成黏土浆,待孔隙填满后继续正常喷射。

3.2.4 用高压旋喷桩进行地基处理时冒浆量过大控制

【问题描述】

用高压旋喷桩进行地基处理时,因有效喷射范围与喷浆量不适应等原因产生冒浆量过大的现象(图3-13)。

图3-13 高压旋喷桩喷浆模拟

【原因分析】

通常与浆液压力过小、喷嘴直径、有效喷射范围和喷浆量不适应有关。

【预控措施】

(1) 提高喷射压力(喷浆量不变)。

(2) 适当缩小喷嘴直径(旋喷压力不变)。

(3) 适当加快提升速度和旋转速度。

3.2.5 填方路堤不均匀沉降控制

【问题描述】

因软土地基处理不当、填料压实工艺和压实设备选取不当、压实功不足等原因,造成填方路堤不均匀沉降,致使路面产生沉陷、拉裂等现象(图 3-14)。

图 3-14 填方路堤沉降

【原因分析】

(1) 粉喷桩、挤密碎石桩、塑料排水板打入深度、间距达不到设计要求。

(2) 粉喷桩复搅深度达不到要求或喷粉量未达到设计要求。

(3) 挤密碎石桩未进行反插。

(4) 预压或超载预压沉降未稳定即卸载。

(5) 桩未打穿软弱层。

(6) 原材料质量不达标,导致处理效果达不到设计要求。

【预控措施】

(1) 粉喷桩、挤密碎石桩、塑料排水板打入深度、间距应达到设计要求。

(2) 粉喷桩应整桩复搅,喷粉量达到设计要求。

(3) 挤密碎石桩应进行反插。

(4) 应进行连续的沉降观测,待沉降稳定后方可卸载。

(5) 用复合地基或刚性桩方法进行软基加固时,桩底标高应达到设计要求。

(6) 按设计要求选择合格的原材料,以保证软土地基处理效果。

4 排水工程

4.1 开槽埋管

4.1.1 管道基础变形过大控制

【问题描述】

排水管道基础混凝土因槽底土体松软、含水量高、明水冲刷等原因而发生起拱、开裂，甚至断裂现象。

【原因分析】

(1) 槽底土体松软、含水量高，土体不稳定，影响基础强度和平整度。

(2) 地下水泉眼涌水，当槽底土体遇原暗浜或流砂现象，此时若沟槽降水井点失效，且修理时间过长，易造成已浇筑的水泥混凝土基础起拱或开裂。

(3) 明水冲刷，在浇筑水泥混凝土基础过程中突遇强降水，地面水大量冲入沟槽，使水泥浆流失，水泥混凝土结构损坏。另一种情况是在下游铺设水泥混凝土基础时，其上游正在开挖沟槽。由于未采取有效的挡水措施，上游地下水流入下游沟槽内造成水泥混凝土基础破坏。

(4) 基座厚度不足，不符合设计要求。

(5) 混凝土养护未按规定进行，养护期不够。

【预控措施】

(1) 管道基础浇筑，首要条件是沟槽开挖与支撑符合标准。沟槽要求排水良好、无积水。沟槽开挖到设计标高后，应及时铺设碎石或砾石垫层，以避免间隔时间过长造成槽底土体不稳定。

(2) 采用井点降水，经常观察水位降低程度、检查漏气现象以及井点泵机械故障等，防止井点降水失效。

(3) 雨季浇筑混凝土时，应准备好防雨措施；如下游铺设水泥混凝土基础时，上游正在开挖沟槽，可在上游打设拉森钢板桩作为挡水措施；开挖过程中的地下水可采取降排水结合的方式进行处理。

(4) 做好每道工序的质量检验工作，管道基础未达标准宽度、厚度，应予返工重做。

(5) 控制混凝土基础浇筑后卸管、排管的时间，根据管材类别、混凝土强度和当时气温情况决定，若施工平均气温在 4 ℃以下，应符合冬季施工要求。

4.1.2 管道基础尺寸线形偏差控制

【问题描述】

管道基础因挖土不注意修边、钢板桩不垂直等产生上宽下窄的现象,导致基础边线不顺直,宽度、厚度不符合设计要求。

【原因分析】

(1) 挖土操作不注意修边,产生上宽下窄现象,造成沟槽底部宽度不足。

(2) 沟槽采用钢板桩支撑,施打钢板桩不垂直,往沟槽内倾斜,造成沟槽底部宽度不足;引线不直,则造成平面线形不直。

(3) 采用机械挖土,逐段开挖时,未随时进行直线控制校正,极易造成折点,或宽窄不一。

(4) 测量放样人员测放沟槽中心线时,引用导线桩或路中心桩不准确、计量不标准、读数错误等造成管道轴线错误。

【预控措施】

(1) 在采用横列板支撑时,强调整修槽壁必须垂直,必要时可用垂球挂线校验(图 4-1)。

图 4-1 排水管道横列板施工(左)及基础混凝土浇筑(右)

(2) 采用钢板桩支撑时,首先要检验钢板桩本身不得有弯曲。如有弯曲,应校正后才可使用。

(3) 施打钢桩板时必须测放直线,控制平面线形并使用夹板控制桩架垂直度。严格测量放样复核制,特别是轴线放样,应由上级派员复核和监理工程师复核,以明确责任。

(4) 施工人员可以在沟槽放样时给规定槽宽留出适当余量,一般两边再加坡各放 5～10 cm,以防止因上宽下窄造成底部基础宽度不够。

4.1.3 管道基础标高偏差控制

【问题描述】

当管道基础铺设后因测量放样错误导致基础高度不符合设计标高,特别是发生倒坡时,必须返工重做。

【原因分析】

(1) 水准点(B.M)、临时水准点(T.B.M)数据未及时随着国家水准网的调整而调整。

(2) 测量用的水平仪未检验校正及使用方法不当造成管道基础标高有误。

(3) 控制管道高程用的样板(俗称"龙门板")发生走动及样尺使用不当。

(4) 两个以上施工单位施工时,相邻施工段使用的水准控制点未进行联测,使用各自的水准系统,使施工衔接处产生误差。

【预控措施】

(1) 如施工与设计相隔数年,应向国家水准点设置部门查询;如引用的水准点数值有变动,则应按照调整后的数值测放临时水准点,并进行闭合复测。

(2) 水准仪应事前校验正确后才能使用;测量人员应持有相关岗位资格证书,并严格执行测量放样复核制度。

(3) 测放高程的样板应坚持每天复测,样板架设置必须稳固,不准将样板钉在沟槽支撑的竖列板上。

(4) 两个以上施工单位在相邻合同段或相邻施工段施工时,施工前必须及时进行联测,确保双方在工程衔接处的结构标高不发生系统偏差,必要时应提请建设单位组织相邻合同段或相邻施工段进行贯通测量和跨标段联测。

4.1.4 管道铺设偏差控制

【问题描述】

由于管道轴线或标高测放错误、垫块设置不符合设计要求等原因导致管道出现不顺直、落水坡度错误、管道位移或沉降等现象。

【原因分析】

(1) 管道轴线线形不直,又未予纠正。

(2) 标高测放误差,造成管底标高不符合设计要求,甚至发生落水坡度错误。

(3) 稳管垫块放置的随意性,使用垫块与设计不符,致使管道铺设不稳定,节口不顺,影响流水畅通。

(4) 承插管未按承口向上游、插口向下游的安放规定。

(5) 管道铺设轴线未控制好,产生折点,线形不直。

(6) 铺设管道时未按每一根管子用水平尺校验及用样板尺观察高程。

(7) 为避让原有建(构)筑物,造成管道在平面上产生位置偏移。

【预控措施】

(1) 在管道铺设前,必须对管道基础仔细复核(图 4-2)。复核轴线位置、线形以及标高是否与设计标高吻合。如发现有差错,应给予纠正或返工。切忌跟随错误的管道基础进行铺设。

图 4-2 排水管道铺设

(2) 稳管用垫块应事前按设计预制成形,安放位置准确。使用三角形垫块,应将斜面作底部,并涂抹一层砂浆,以加强管道的稳定性。预制的管枕强度和几何尺寸应符合设计标准,不得使用不标准的管枕。

(3) 管道铺设操作应从下游排向上游,承口向上,切忌倒排。

(4) 采取边线控制排管时所设边线应紧绷,防止中间下垂;采取中心线控制排管时应在中间铁撑柱上画线,将引线扎牢,防止移动,并随时观察,防止外界扰动。

(5) 每排一节管材应先用样尺与样板架观察校验,然后再用水准尺校验落水方向。

(6) 在管道铺设前,必须对样板架再次测量复核,符合设计高程后开始排管。

(7) 管道施工过程中如意外遇到构筑物须避让时,在征得设计同意后,宜在适当位置设置连接井,连接井转角应大于 135°。

4.1.5 管道接口渗漏控制

【问题描述】

当排水管道竣工交付使用后,因刚性接口或柔性接口处理不当,出现管道接口渗漏,致使覆土层水土流失,导致出现地形沉降、管道断裂等现象。

【原因分析】

(1) 在排设混凝土承插管时,承口座砂浆未抹足,往往产生下口渗漏。

(2) 在操作接口时,使用砂浆的配合比不符合要求,强度不足,或强度虽足但使用时间已超过 45 min,致使水泥水化作用减弱,最终强度仍达不到要求,此时接口砂浆碎裂而渗漏。

(3) 在操作接口时,管道接口未充分湿润,缝隙内砂浆未嵌实,或未分层抹灰,收水不实,以及未及时湿润养生,也易造成接口松动起壳而碎裂造成渗漏。

(4) 在排设钢筋混凝土承插管或企口管时,使用橡胶止水带的接口位置不正,有脱榫、挤出、扭曲等现象或间隙过大(>9 mm),造成通水后渗漏;使用遇水膨胀橡胶止水带不当。

(5) 管材本身质量差,如密实度不够,圆度、厚薄不均造成错口,管材接口处留有混凝土毛口,管材本身有裂缝,管口缺损等都会造成涌水后渗漏。

(6) 管道基础质量不好导致管道和基础出现不均匀沉陷,造成接口开裂渗水。

【预控措施】

(1) 对所采用的管材,必须经过严格检验,符合产品标准。凡不符合标准者不得使用,特别是卸管后,要再检查有无损伤、裂缝,承插口和企口有无缺口,包括管材圆度偏差,发现上述问题应予以剔除。

(2) 凡采用刚性接口(砂浆或细石混凝土),应对承口和插口用水清洗干净,保持湿润。有毛口处应凿清,使用的砂浆或细石混凝土的配合比,应符合设计规定,并随拌随用,不得超过初凝时间,严禁加水复拌再使用。

(3) 排设混凝土承插管道,承口下部三分之二以上应抹足座灰(砂浆),接口缝隙内砂浆应嵌实,并按设计标准分两次抹浆,最后收水抹光,及时进行湿治养护(图 4-3)。

图 4-3 排水管道接口施工

(4) 选用的橡胶止水带(密封圈)必须符合规定的物理性能,其质量应符合耐酸、耐碱、耐油以及几何尺寸标准。

(5) 铺设管道安放橡胶止水带应谨慎小心、就位正确,橡胶圈表面均匀涂刷中性润滑剂,合龙时两侧应同步拉动,避免扭曲脱槽。尤其是遇水膨胀橡胶止水带要严格按要求设计。

(6) 严格按照设计要求施工,确保管道基础的强度和稳定性。当地基地质水文条件不良时,应进行换土或加固等改良处置,以提高基槽底部的承载力。

4.1.6 护管(坞膀)质量不达标控制

【问题描述】

与基础不成整体,强度不足,几何尺寸不符,管节拨动等。

【原因分析】

(1) 在浇筑护管(坞膀)水泥混凝土前未将混凝土基础表面冲洗干净,有泥浆或积水。

(2) 混凝土级配未达设计标准,或拌和不均,振捣不实。特别是管材下口浇筑不实,有孔隙。

(3) 浇筑水泥混凝土时两侧没同步进行,单边浇筑,造成已排管道侧向位移。

(4) 立模不符合要求,包括护管宽度不足、模板高度不够、不符合设计标准。

(5) 采取黄砂护管(坞膀)使用的黄砂不符合规格,含泥量过高,或铺设厚度不足、密实度不够等。

【预控措施】

(1) 在浇筑护管(坞膀)水泥混凝土前必须将混凝土基础冲洗干净,不留泥浆和积水。

(2) 水泥混凝土拌制必须符合设计标准。操作人员应分两侧同步进行浇筑,并用插入式振荡器振捣密实。管道下口不留孔隙,使结成整体,并防止管道位移。

(3) 立模后必须进行工序检验,符合宽度、高度要求,模板接缝严密。

(4) 护管上口斜面(如 135°)的表面应拍实抹光,防止斜面坍落。

(5) 采用黄砂护管(坞膀),应用粗砂,粗砂回填管道底部时,要洒水并用插入式振捣器振捣密实。管道两侧回填时应保持同步并均匀下料回填。如回填在管顶以上 50 cm 时,应分层(每层 25 cm 高度)并用平板振捣器振实。现场可用钢钎法快速检测黄砂回填密实度,即使用长 1.95 m、ϕ16 圆钢,距离砂石 50 cm 高度,自由落体,量出入砂深度,检测前需先做标准贯入度试验(图 4-4)。

图 4-4 管道坞膀使用粗砂分层填实

4.2 非开挖管道

4.2.1 顶管管道弯曲、管节损坏控制

【问题描述】

顶管顶进施工时,管道轴线与设计轴线偏差过大,使管道发生弯曲,甚至造成管节损坏、接口渗漏。

【原因分析】

(1) 地层正面阻力不均匀,使工具管受力不均匀,形成导向偏差,造成管道轴线偏差。

(2) 顶管后背发生位移或不平整,使顶力合力线偏移,造成管道轴线偏差。

(3) 千斤顶不同步,或千斤顶间顶力相差较大,或安装精度不够,造成顶力合力线偏差,使管道轴线发生偏差。

【预控措施】

(1) 顶管施工前对管道通过地带的地质情况认真调查。设置测力装置,指导纠偏。纠偏按照勤测量、勤纠偏、小量纠的操作方法进行。

(2) 加强顶管后背施工质量的控制,确保后背不发生位移,并使后背平整,以保证顶进设备的安装精度。

(3) 采用同种规格的千斤顶,使其顶力、行程、顶速相一致,保持顶力合力线与管道中心线相重合。

(4) 顶进过程中随时绘制顶进曲线,以利于指导顶进纠偏工作。

4.2.2 顶管施工引起地面沉降或隆起控制

【问题描述】

顶管施工过程中,因土压失衡、注浆不及时、土体扰动、接口渗漏等原因,在管道轴线两侧一定范围内发生地面冒浆,管道周围建筑物和道路交通及管道等公用设施受到影响,甚至危及到正常使用和安全。

【原因分析】

(1) 掘进机正面土压失衡引起的沉降与隆起。从土压平衡掘进机的原理来说,当掘进机通过充分的切削和搅拌,在进土仓内形成具有较大塑性和流动性的土体。当正面的土压控制在被动土压和主动土压之间时,地面才会下陷或隆起。实际上由于土质变化较大,完全按理论计算进行控制往往有较大差异,不能正确把握,造成土压失衡引起沉降。另外,由于有些土压平衡掘进机对土的适应性不够完善,如刀盘切削面积过小,推进速度或螺旋输送机转速不能调整,使得土压控制不力或不便,造成土压失稳引起沉降与隆起。

(2) 管道外周空隙引起的沉降与隆起。管道外周空隙是由掘进机纠偏或曲线推进造成的,因为在纠偏和曲线推进时形成的管道截面面积大于管道截面,其空隙由周边土体填充而引起沉降。现在一般顶管都采用触变泥浆减摩技术,掘进机外径较管道外径大 2～3 mm,以便形成浆套,若注浆不及时就会引起沉降。

(3) 管道与周围土体摩擦引起的沉降与隆起。管道在推进时与周围土体存在摩擦,这种摩擦往往使土体发生剪切扰动,造成土体移动而导致地面沉降。在管节外形不整、接口不平或管道不直顺的情况下,这种剪切扰动就会加剧,增大地面沉降与隆起。

(4) 管道接口渗漏引起的沉降与隆起。当管道接口密封圈安置不当或管端受力不匀而破坏,以及管道接口弯折过度造成密封不良时,就较有可能发生接口渗漏,水土流失,这种土层损失必定会引起地面沉降与隆起。并且管道接口渗漏亦会造成触变泥浆的流失,支承土体和减小摩擦力的作用大大降低,亦可能引起上述两种原因的沉降与隆起。

【预控措施】

(1) 施工前应对工程地质条件和环境情况进行周密细致的调查,制定切实可行的施工方案,正确选用工具管,并对距离管道较近的建筑物和其他设施采取相应的加固保护措施。

(2) 设置测力装置,掌握顶进压力,保持顶进力与前端土体压力的平衡。

(3) 施工时尽量采取小幅度的纠偏,尽可能保证管道的直顺,减小管道绕曲造成土层移动引起的沉降。避免急度纠偏造成管道接口密封失效和管端碎裂,发生水土和触变泥浆的流失,引起地面沉降。

(4) 在顶进过程中应及时足量地注入符合技术标准的润滑支承介质,填充管道外围环形空隙。施工结束后及时用水泥或粉煤灰等置换润滑泥浆。

(5) 严格控制管道接口的密封质量,防止渗漏。

4.2.3 顶管管道接口渗漏、管节裂缝控制

【问题描述】

顶管施工过程中,因管节密封材料质量不合格、接口错位、填充材料不密实等原因,造成管节纵向和环向有明显裂缝,出现管道渗水、漏水现象。

【原因分析】

(1) 管节和密封材料质量不符合技术标准或运输、装卸、安装过程中管节被损坏。

(2) 管道轴线偏差过大,造成接口错位、间隙不均匀、填充材料不密实;管道轴线偏差过大,造成管节应力集中而损坏;接口或止水装置选型不当。

(3) 顶进过程中顶力超过管节的承压强度使管节损坏;或轴线偏差过大,致使管节应力集中而损坏。

【预控措施】

(1) 严格执行管节和接口密封材料的验收制度,验收不合格要及时退货;在管节的运输、装卸、码放、安装过程中,做到吊(支)点正确,轻装轻卸,保护措施得当。

(2) 严格控制管道轴线,按技术标准和操作规程进行施工;认真进行接口和止水装置的选型。

(3) 顶进时严格控制管道轴线偏差,控制顶力在管节允许的承压范围以内。

4.2.4 定向钻回拖困难或回拖卡管控制

【问题描述】

管线回拖是定向钻穿越的最后一道工序(图 4-5),也是工程成败的关键,由于孔眼不洁净造成工程失败的例子很多。而造成孔眼不洁净的原因有泥浆性能不达标、泥浆护壁性能不足、泥浆排量不足、入土角及出土角过大等。

图 4-5 定向钻回拖

【原因分析】

(1) 泥浆黏度、切力等性能达不到要求,造成泥浆没有足够的悬浮能力和携砂能力,使泥浆在孔眼流动途中形成岩床沉淀。

(2) 地质情况复杂,泥浆没有足够的护壁性能和防塌能力,造成孔眼塌方,产生大量岩屑。

(3) 泥浆泵的排量不够,泥浆在孔眼内流动速度慢,使大量钻屑滞留在孔眼内,造成孔眼不洁净。

(4) 定向钻入土角及出土角过大造成回拖失败。

【预控措施】

(1) 在回拖前最后一次扩孔或洗孔时要调试好泥浆性能,在地层条件好的情况下,泥浆黏度在 55 s 以上,如果是粉砂或细砂地层,泥浆黏度应在 75 s 以上。

(2) 为使泥浆有一定的切力,具有一定的护壁防塌能力,可在泥浆中添加适当的降失水剂控制失水,添加一定量的润滑剂减小摩擦阻力。

(3) 在中途停钻开泵循环泥浆时,要根据泵压确定泥浆排量。如果泵压过高,应该先小排量循环,根据返浆情况,逐渐增大泥浆排量,否则会造成压力激动,使孔眼垮塌或冒浆;还要根据返浆的密度调整扩孔速度,如果泥浆黏度有一定保证,返浆密度过高超过了 1.10 g/cm^3 说明扩孔速度过快,如果返浆的密度在 1.07 g/cm^3 以下,说明扩孔速度太慢,应适当提高扩孔速度;如扩孔速度已经很慢,泥浆的黏度也在设计范围之内,返浆密度仍然较高,在 1.10 g/cm^3 以上,说明泥浆的排量太小,泥浆在孔眼中的流速太低,应提高泥浆排量,如泥浆泵排量已经达到极限值,说明泥浆泵能力过低,应增加泥浆泵或者更换更大能力的泥浆泵。

(4) 在调整扩孔速度时,也应该密切注意扭矩的变化,扭矩太高应适当减小钻机拉力,否则会造成卸扣困难。

(5) 定向钻孔轨迹应按《水平定向钻法管道穿越工程技术规程》(CECS 382—2014)进行设计,入土角不宜超过 15°,出土角一般不宜超过 20°(图 4-6)。

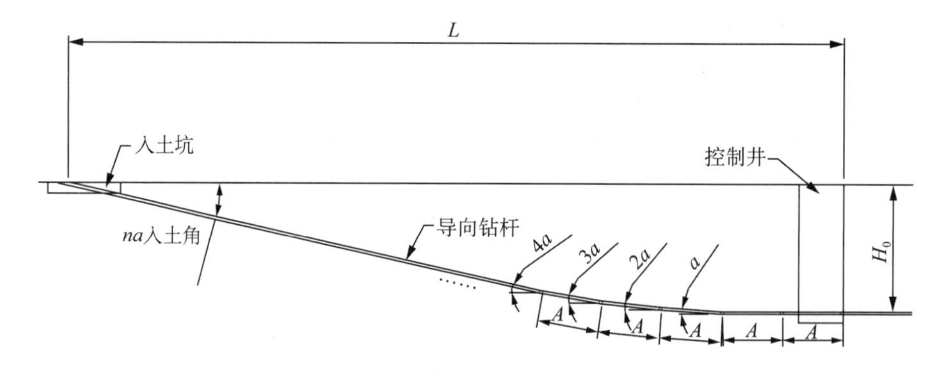

图 4-6　定向钻轨迹设计图

4.2.5 定向钻穿越冒浆造成河流、道路等污染控制

【问题描述】

水平定向钻在施工过程中,在渗漏和微渗漏地层条件下,经常遇到泥浆跑冒现象,对穿越的池塘、河流、道路、建筑物、住宅等造成很大污染,索赔额巨大。基于保证施工质量、合理规避冒浆风险、做好施工现场环境保护等要求,水平定向钻浅层泥浆堵漏技术是施工中急需解决的技术课题。

【原因分析】

在定向钻施工中,泥浆的密度和压力必须满足一定的要求,其上限应以防止压裂地层为度,下限要足以控制地层压力和支撑井壁。在进行导向孔作业时,孔洞较小,孔洞与钻铤及钻头形成一个环形空间,在泥浆泵不停注入泥浆的情况下,空间局部处于高压状态,环孔压力释放速度小于泥浆泵的注入速度,环孔压力就会越积越高,超过上限,过大张应力将引起地层破裂,从而发生泥浆漏失,冒浆即为泥浆漏失的一种表现,同时泥浆的严重漏失,还可能引发井壁坍塌;而泥浆的密度和压力低于下限时,将产生由于剪切破坏引起的井塌。

【预控措施】

1. 工艺措施

在进行导向孔作业时,要使用相对尺寸较大的钻头,这样钻铤与钻头形成环空较大,泥浆返浆畅通,减小局部空间压力积累。在导向孔定向作业中需要不停地进行钻进和推进,也造成了导向孔环形空间不规则,很容易形成封闭的空间,增大冒浆概率。因此操作过程中在完成一根钻杆以后,应该旋转回抽一段距离然后再旋转钻进,这样可以加大环孔疏通泥浆流道降低环孔压力,避免冒浆。

2. 泥浆配比

在渗漏和微渗漏地层添加堵漏材料,采用高效膨润土增加添加剂的用量,配置泥浆性能:黏度 55 s,密度 1.03~1.05g/cm^3,pH 值 9~11,静切力 $G_{10\ s}/G_{10\ min}$ 为 2~4 Pa/4~8 Pa,返出泥浆密度在 1.07~1.09 g/cm^3。

3. 扩孔作业

在扩孔作业时,如果泥浆压力突然增大,应减小泥浆排量,同时略微回退一下扩孔器,增大环形空间。地层结构是粉砂层和细砂层时,扩孔器的水嘴要适量增加,并且要加大泥浆排量,泥浆黏度在 75 s 以上,保持返浆正常,尽量保持孔眼干净,防止沉沙沉淀堵塞流道,造成憋压冒浆(图 4-7)。

4. 其他方面

增加临时漏浆点,减轻泥浆对地层的压力,防止穿越河流、湖泊时污染水域,在出土点和入土点前各 50 m 左右开挖泥浆导流沟或储浆池,收集不可避免冒出的泥浆。长距离穿越项目返浆情况往往不正常,特别是入土点一侧,在距离入土点 40 m 左右

图 4-7　定向钻扩孔

由于穿越轨迹拐点处经常造成返浆不正常,发生冒浆,可采取下套管的方法保持流道畅通。

4.3　排水附属构筑物

4.3.1　路边积水控制

【问题描述】

由于收水井或支管被垃圾堵塞、挑落水点高程错误、道路横坡设置过小、雨水口间距过大、排水管径不足等原因导致路边小雨积水,大雨流水不快,严重时从挑水点到落水点(进水口)处都有积水,给机动车和非机动车的运行带来不便(图 4-8)。

图 4-8　路边积水

【原因分析】

(1) 收水井或支管被垃圾堵塞,流速减慢,路面水难以及时排走,或者部分支管、收水井完全堵塞,造成积水。

(2) 由于施工原因,挑落水点高程错误,支管倒落水,以及收水井处标高比周围高,引起路边积水。

(3) 排水管径不足、雨水口间距过大,设计与实际汇水面积、排水量不符。

(4) 道路横坡设置过小,雨水不能及时汇排至道路两侧雨水口。

【预控措施】

(1) 加强养护管理,清除垃圾,防止堵塞,保证管道畅通。

(2) 加强施工放样复核,加强施工质量检查,使挑落水点出现高程错误、收水井偏高等病害,在施工过程中得以及时纠正。

(3) 与设计单位沟通明确排水管径、雨水口类型和间距等参数。

4.3.2 检查井周边下沉及破损控制

【问题描述】

排水管道大多被布置在城市道路的机动车道或非机动车道上,在众多的排水检查井中,由于各种因素造成其中的部分检查井与道路路面衔接高程不一致,对道路的路面结构和行车安全构成了危害(图 4-9)。

图 4-9 检查井周边下沉、破损

【原因分析】

(1) 施工管理者和操作者,质量意识淡薄,责任心差,施工工人不按技术规程操作施工,违章作业,技术人员检查不到位。

(2) 检查井肥槽回填时将建筑垃圾及草帘等填入其内,造成质量隐患。

(3) 回填土分层厚度超出规范规定或根本不分层夯实。大面积作业时,压路机碾压不到位或漏压。

(4) 污水检查井井筒砌筑时不饱满,勾缝不严,特别是在配合道路施工中升降井筒时,砌筑粗糙且砂浆未达到强度就经荷载挤压,造成井筒四周砖壁呈活松状态。这样在冬季污水检查井的热蒸汽,就会沿井筒砖壁的空隙侵入外围土壤和道路结构层内,在冰冻层区域形成结晶水并冻结,在春融时期极易造成检查井周边土壤形成饱和水状态,为井周变形埋下隐患。

(5) 雨污水管道长期使用,不能定期检查、疏通和维护,加上部分基础设施不完善,常有垃圾、杂物流入管道,长期淤积,加大了管道的负荷,使污水经常漫过工作台,直至管道堵塞,检查井污水涨满外流时有发生,造成井基乃至路基浸泡,直接危害道路结构。

【预控措施】

(1) 提高管理及施工人员的质量意识和责任心。在充分认识到检查井周边下沉给整体工程质量造成不良影响的基础上,施工中应采取有效的管理措施,如:把工程质量控制责任落实到个人,对施工中从砌筑、回填、夯实、碾压等各施工工序严格检查验收,发现问题逐级追究责任;对操作人员进行技能培训,考核合格后上岗;施工前作详细清楚的技术交底,使其循环作业。

(2) 检查井周边回填土要杜绝回填碎砖、瓦片、渣土垃圾等,回填土的含水量应满足最佳含水量要求。

(3) 应做好基础处理,由于检查井挖深较大,有时与路基不在同一土层中,因此应使检查井的基础处理密实度略高于路基处理的要求,有条件时,应使检查井有一定的预沉周期,其次应加强检查井四周的道路碾压,可以采用小型打夯机进行碾压,使井四周的土体密实度达到设计要求。

(4) 在砌筑井筒时,要保证砌筑砂浆的质量达到设计标号,拌和要均匀,和易性要好。砌筑时灰浆要饱满,勾缝要严密。砌筑用的砖材质要符合强度要求。在道路施工中若需对原有的井筒进行升降应尽可能提前进行。除砌筑砂浆、砖材质及操作应符合质量要求外,可适当在砂浆中加入早强剂,并围挡养生。待砂浆强度达到设计强度70%以上再进行碾压工序,以免因过早碾压、挤压造成井筒墙开裂、环梁及井圈移位等现象。

(5) 要加强管理,定期检查维护,及时清理沉积物。

5 挡土墙与防护工程

5.1 锚喷防护

5.1.1 钻孔出现扭曲和变径等现象控制

【问题描述】

锚喷防护挡土墙由于采用水钻、钻孔速度不适当等原因出现钻孔扭曲和变径，造成下锚困难或其他意外事故。

【原因分析】

(1) 钻孔时采用水钻。

(2) 钻孔速度过快或过慢致使出现钻孔扭曲和变径。

【预控措施】

(1) 钻孔要求干钻，禁止采用水钻，以确保锚杆施工不致于恶化边坡岩体的工程地质条件和保证孔壁的黏结性能。

(2) 钻孔速度根据使用钻机性能和锚固地层严格控制，防止钻孔扭曲和变径，造成下锚困难或其他意外事故。

5.1.2 锚孔深度未达到设计要求控制

【问题描述】

锚喷防护挡土墙钻进后由于孔底尖灭、孔壁未清理干净等原因造成锚孔深度达不到设计要求，以至出现锚固力不足的现象。

【原因分析】

(1) 钻进达到设计深度后，立即停钻，产生孔底尖灭现象。

(2) 钻孔孔壁有黏土或粉砂滞留，未清理干净，注浆时滞留土体落至孔底，致使锚孔深度不足。

(3) 若遇锚孔中有承压水流出，未采取相关措施即下安锚杆，致使锚孔不稳定。

(4) 钻孔孔径、孔深不满足设计要求。

【预控措施】

(1) 钻进达到设计深度后，不能立即停钻，要求稳钻 1～2 min，防止孔底达不到设计的锚固直径。

(2) 钻孔孔壁不得有黏土或粉砂滞留，必须清理干净，在钻孔完成后，使用高压空气(风压 0.2～0.4 MPa)将孔内岩粉或水体全部清除出孔外,以免降低水泥砂浆与孔壁岩土体的黏结强度,防止锚孔不能下到预定深度。

(3) 若遇锚孔中有承压水流出,待水压、水量变小后方可下安锚杆与注浆,必要时在周围适当部位设置排水孔处理。

(4) 钻孔孔径、孔深不得小于设计值。为确保锚孔直径,要求实际使用钻头直径不得小于设计孔径。为确保锚孔深度,要求实际钻孔深度大于设计深度 0.2 m 以上。

5.1.3 喷射混凝土强度不均、渗水等控制

【问题描述】

喷射混凝土出现强度不均匀,厚度大小差异大,表面不平整、不光滑,泄水孔堵塞不泄水,坡面渗水,喷射边角与土体结合不牢固,伸缩缝处置不当等问题。

【原因分析】

(1) 混凝土搅拌拌和不均匀或喷射时喷射量不均匀。

(2) 清坡工作不彻底,坡面凸出部位及凹凼部位未及时处理,致使表面不平整,喷射厚度不满足要求。

(3) 泄水管岩面未设置土工布作反滤处理,致使泄水管堵塞。

(4) 边坡喷射未延伸至坡顶外,致使喷射混凝土与土体黏结不牢固。

(5) 伸缩缝处置不当:伸缩缝处钢筋网未断开,未设置模板支挡,伸缩缝不平直,间距不均匀,缝内未填缝处理等。

(6) 喷射混凝土作业操作不当致使喷射混凝土质量不满足要求。

【预控措施】

(1) 混凝土搅拌采用强制搅拌机拌和均匀。喷枪处的水量开关由喷枪手掌握,水量大小是影响喷射混凝土外观质量和强度的关键。

(2) 加强清坡工作。坡面凸出部位适当清除处理,设置喷射厚度标钉;凹凼部位进行浆砌片石回填处理,使喷射混凝土的整体坡面大致平顺,喷层厚度均匀符合设计要求。

(3) 按设计要求的间距布置泄水孔,泄水孔应安装在有渗水部位。泄水管岩面端应设置土工布作反滤处理,喷射作业时严禁堵塞泄水管。

(4) 边坡喷射应延伸至坡顶外 50 cm,为了解决喷射混凝土与土体黏结不牢固问题,可采用人工铺筑符合设计厚度的边角处条带混凝土。

(5) 喷射混凝土内配有钢筋网时,伸缩缝处钢筋网要断开,喷射到预留伸缩缝位置前应设置模板支挡。伸缩缝应垂直坡向,缝向平直,间距均匀,缝内按设计要求填塞沥青棉纱等。

(6) 喷射混凝土作业应分段、分片、分层依次进行,喷射顺序自下而上。一次喷混凝土的厚度以喷混凝土不滑移、不坠落为度,分层喷射时,一次喷混凝土的厚度不

小于 40 mm,后一层喷射应在前一层混凝土终凝后进行。如果喷嘴与受喷面的角度太小,会形成混凝土物料在受喷面上的滚动,产生凹凸不平的波形喷面,增加回弹量,影响喷射混凝土的质量。喷射混凝土终凝 2 h 后,应喷水养护,特别是高温时段,喷射作业养护非常关键,喷水养护时间不得少于 14 d。

(7) 喷射混凝土时,作业人员要从思想上高度认识施工质量和安全的重要性,端正工作态度和树立职业责任感,认真施作。作业人员认真的态度和经验的积累是提高喷射混凝土质量的保障。

5.2 砌筑挡土墙

5.2.1 泄水孔堵塞控制

【问题描述】

因泄水孔进水口处反滤材料被堵塞等原因导致挡土墙背后填土潮湿,含水量大,但泄水管却长期不出水,周围块石表面干燥无水迹。

【原因分析】

(1) 泄水孔进水口处反滤材料被堵塞,因反滤层碎石含泥量大或反滤层外未包滤布,填土进入反滤层。

(2) 反滤层设置位置不当,不起排水作用。

(3) 泄水孔被杂物堵塞。

【预控措施】

(1) 反滤材料的级配要按设计要求施工,外包滤布,防止泥土流入。

(2) 用含水量较高的黏土回填时,可在墙背设置用渗水材料填筑厚度大于 30 cm 的连续排水层。

(3) 泄水孔应高出地面 30 cm,墙高时可在墙上部加设一排泄水孔,泄水孔间距为 2～3 m、孔径为 5～10 cm(图 5-1)。

图 5-1　泄水孔设置

5.2.2 勾缝砂浆脱落控制

【问题描述】

砌筑挡土墙施工时,因未洒水湿润、配合比不准确、填缝不饱满、养生不充分等原因,导致勾缝砂浆出现裂缝,进而造成勾缝砂浆起壳,导致其呈块状或条状脱落。

【原因分析】

(1) 勾缝前砌体没有洒水润湿,勾缝后砂浆中水分被干燥的块石吸收,导致砂浆因水化反应不充分而强度下降,碎裂脱落。

(2) 块石砌筑时,砂浆填缝不饱满,空隙太大,块石松动,造成表面勾缝砂浆脱落。

(3) 砂浆配合比不准,强度不够,在外力作用下碎裂脱落;或水泥含量过大,收缩裂缝增多,造成碎裂脱落。

(4) 砂浆勾缝养生不充分,造成收缩裂缝或强度减低,导致砂浆松缩脱落。

【预控措施】

(1) 勾缝前应先将块石之间的缝隙用砂浆填满捣实,并用刮刀刮出深于砌体 2 cm 的凹槽,然后洒水湿润,再进行勾缝(图 5-2)。

图 5-2 砌筑挡土墙勾缝

(2) 严格控制砂浆的配合比,做到配比正确、拌和充分、随拌随用,严禁隔夜砂浆掺水后重拌再用。

(3) 加强洒水养护,气温较高时应覆盖草袋或塑料薄膜养生。

5.2.3 挡土墙滑移控制

【问题描述】

因基底垫层未完全嵌入土基内、挡土墙两侧填土未同步等原因,造成挡土墙整体外移,与相邻挡土墙产生错位,且上、下位移大致相等。

【原因分析】

(1) 基底碎石垫层未夯实,碎石没有嵌入土基内,使基底摩擦系数没有达到设计要求。

(2) 挡土墙基础两侧填土没有同时回填,被动土压力减少,导致滑移。

(3) 挡土墙身后回填土采用推土机或挖掘机回填时,没有按要求做到分层填筑、分层压实,而是将大量土推向墙身或堆靠在墙身上,由于推土机引起的主动土压力和未压实土主动土压力增加形成很大的水平推力。

(4) 采用淤泥或过湿土回填,减小了填土的摩擦力,增大了土压力,如挡土墙排水不畅,还会引起静水压力和膨胀压力。

(5) 基础埋深不够,被动土压力减少。

【预控措施】

(1) 基底碎石垫层必须夯实,嵌入土基内,以增加挡土墙基础与土基的摩擦力。

(2) 基础回填必须两侧同时填筑、分层填筑、分层夯实;每层填筑厚度不宜超过30 cm,夯实后为20 cm,且分层夯实的密实度必须达到设计和规范要求。

(3) 严禁用推土机将大量的土直接推向墙身或用挖掘机向墙身倾倒填土,必须采用分层填筑、分层压实的方法回填土方。

(4) 设计上可把基底做成向内倾斜的斜面(斜面的坡度应小于0.2∶1)或在基底设置混凝土凸榫,利用凸榫前土体的被动土压力来增加抗滑稳定性。

(5) 宜采用稳定土和渗水材料做墙后填料,以改善墙身受力情况。

5.2.4 挡土墙倾斜控制

【问题描述】

因挡土墙地基不均匀、墙身后填土含水量过大等原因导致挡土墙整体前倾,与相邻挡土墙产生位移,且位移上大下小呈楔形状。

【原因分析】

(1) 墙身后填土未分层压实或填土含水量过大,没有达到设计要求的密实度,使填土的内摩擦角减小,土压力增加。

(2) 挡土墙地基不均匀或地基超挖后用素土回填未夯实,或淤泥、垃圾等不良土质没有清除干净,导致地基承载能力下降,使受力最大处前墙趾下沉,挡土墙随之前倾。

(3) 墙身断面设计不合理,如墙趾较短,力臂小,抗倾覆能力差,或墙背倾斜过大,形成较大的土压力。

(4) 排水不良或采用含水量过大的黏土回填,引起静水压力和膨胀压力。

【预控措施】

(1) 墙身背后填土必须按规范要求,做到分层填筑、分层压实,每层填筑厚度应小于 30 cm,压实后为 20 cm,并检查密实度,达到设计要求后才能填筑下一层。

(2) 采用稳定土或渗水材料作为回填材料,以增大内摩擦角和减小静水压力。

(3) 控制地基质量,严禁超挖回填;地基面的淤泥、垃圾、浮土必须彻底清理干净;地基要做到平整、结实;当超挖不大时,可回填碎石、道碴,并夯实,超挖较大时,应与设计部门联系加深基础。

(4) 合理设计挡墙断面、展宽墙趾、增大力臂或采用衡重式墙身和减小墙背的倾斜度等措施。

5.2.5 砌体断裂或坍塌控制

【问题描述】

因地基处理不当、砌筑质量低下、沉降缝不垂直等原因导致砌体产生较大的裂缝,整体倾斜或下沉,严重时砌体发生倒塌或墙身断裂(图 5-3)。

图 5-3 砌筑挡土墙沉降缝与伸缩缝

【原因分析】

(1) 地基处理不当。例如淤泥、软土、垃圾等没有清理干净;地基超挖后用素土回填未经夯实;地基土质不均匀,又未按规定设置沉降缝,或地基应力超限。

(2) 砌筑质量低下,例如,砂浆填筑不饱满,捣固不密实;砂浆标号不够;采用强度低的风化石砌筑;块石竖向没有错缝,形成通缝,小石块过分集中;等等,这些都将影响砌体质量。

(3) 沉降缝不垂直,或者块石间相互交叉重叠,甚至不设沉降缝导致地基不均匀沉降时,挡土墙相互牵制拉裂。

(4) 挡土墙一次砌筑高度过高或者砌筑砂浆强度未达到要求时,过早进行墙后填土,导致砌体断裂或倒塌。

(5) 墙身断面过小,拉应力超限或基础底面过小,应力超限导致挡墙破坏。

【预控措施】

(1) 严格控制基槽开挖的质量,基槽中的淤泥、软土等必须清理干净,基槽要做到平整结实,如超挖宜用碎石回填或加深基础。

(2) 挡土墙砌筑时应做到坐浆饱满,缝隙填浆密实,砂浆配合比正确,拌和均匀,随伴随用,保证砌体密实牢固。

(3) 地基应力过大时,可加宽基础地面的尺寸,必要时可改用钢筋混凝土基础以增大基础地面尺寸(同时可减薄基础高度),或采用打入基桩,提高基础承载能力。

(4) 挡土墙宜分层砌筑,并确保砌筑砂浆强度达到要求时,再进行墙后填土。

(5) 地基不均匀地段,或地基设台阶时,应设置沉降缝,避免不均匀沉降出现裂缝。

5.3 锚杆、锚定板与加筋土挡土墙

5.3.1 锚杆与挡土墙肋柱连接不牢固控制

【问题描述】

因锚杆锚固长度不符合规范要求等原因导致锚杆与挡土墙肋柱连接不牢固。

【原因分析】

(1) 当挡土墙肋柱就地灌注时,锚杆与肋柱没有有效连接。

(2) 当肋柱为预制拼装时,锚杆与肋柱之间未采用螺栓连接或连接不牢固。

【预控措施】

(1) 当挡土墙肋柱就地灌注时,锚杆必须插入肋柱,并保证其锚固长度符合规范要求(图 5-4)。

(2) 当肋柱为预制拼装时,锚杆与肋柱之间一般采用螺栓连接,由螺钉端杆、螺母、垫板和砂浆包头组成,也可采用焊短钢筋等形式以保证锚固力的传递。

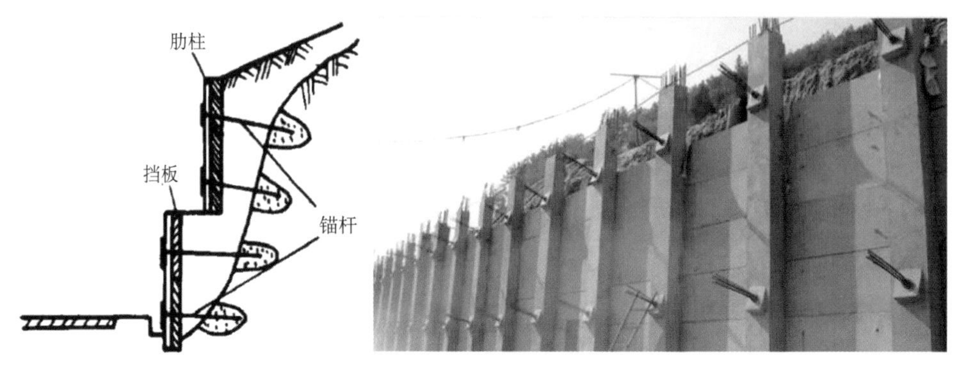

图 5-4 锚杆式挡土墙

5.3.2 锚定板挡土墙立柱倾斜控制

【问题描述】

锚定板挡土墙立柱因未设置内倾角等原因导致挡土墙立柱向外倾斜,降低了挡土墙承载能力。

【原因分析】

(1) 锚定板挡土墙立柱因未按设计要求设置内倾角或内倾角度不足。

(2) 立柱安装完成后未进行校正检查。

【预控措施】

(1) 立柱是锚定板挡土墙的主要承重结构,立柱和墙板必须在混凝土强度达到设计强度 70%以上方可以安装。立柱就位后应防止向外倾斜,并须按照设计坡度倾向内侧,立柱进入杯口前,应于杯槽底铺垫沥青砂胶,并将周边孔隙塞满(图 5-5)。

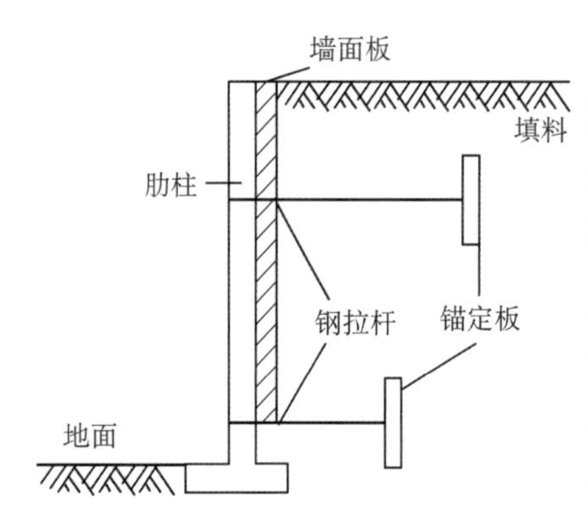

图 5-5 锚定板挡土墙

(2) 对立柱进行校正检查。当立柱全部吊装完毕后,应对全部立柱进行纵横向检查,重点检查立柱的倾斜度是否符合要求。待确认无误后,再安装下部挡土板,随之铺设土工布,然后填土夯实。安装挡土板时应保持平直,防止反位,两层板层间应在端头垫 10 mm 水泥砂浆,留出孔隙以利排水。

5.3.3 加筋土挡土墙承载力不足控制

【问题描述】

加筋土挡土墙由于原材料选取不当、地基承载力不足、排水设施不完善等原因出现承载力不足的现象(图 5-6)。

图 5-6 加筋土挡土墙

【原因分析】

(1) 填料渗水性差,不符合要求;填料含杂质过多,粒径过大。

(2) 选取的筋带不合格,相关性能不符合设计要求。

(3) 面板有露筋翘曲、掉角、啃边等现象,影响加筋土挡土墙的承载力及耐久性。

(4) 当地基承载力满足设计要求时,不进行地基处理或地基处理不到位直接进行加筋土挡土墙的施工。

(5) 排水设施设置不当造成加筋土挡土墙承载力不足。

【预控措施】

(1) 选取符合要求的填料;宜采用渗水性强的砂性土、砂砾、碎(砾)石、粉煤灰等材料,严禁采用淤泥、腐殖土;当采用黏性土作为填料时,应在最佳含水量时施工;当采用弱膨胀土作为填料时,膨胀土宜改良使用;浸水地区的加筋土挡墙(图 5-7)应采用水稳性好的渗水性的土作为填料;填料不得含有冻块、有机料及生活垃圾;填料粒径不宜大于填料压实厚度的 2/3,且最大粒径不得大于 15 cm;含有尖锐棱角的粗粒料应避免摊铺在铺设筋带的表层。

(2) 选择有多年加筋土技术推广应用经验的生产厂家所生产的拉筋带,并由拉筋带生产厂家派出专人进行施工指导,贯彻设计意图,确保工程质量;产品应附有厂家的送检报告,其破断拉力和延伸率应符合设计要求,同时该产品应有良好的抗老化性能,其抗老化性能应经过国家法定的检测单位检测并有检测报告;拉筋带应按规定进行检查,检查结果必须符合设计标准。

(3) 面板表面必须平整密实、轮廓清晰、线条顺直;不得有露筋翘曲、掉角、啃边。蜂窝、麻面面积之和不得超过面板面积的 1%。混凝土的配合比及混凝土的拌和、浇筑、养护均应按《公路桥涵施工技术规范》(JTG/T 3650—2020)有关规定执行。

(4) 当地基承载力满足设计要求时,面板基础顶面以下的加筋体地基按《公路路基施工技术规范》(JTG/T 3610—2019)相关规定进行处理;当地基承载力不能满足设计要求时,应提请设计进行地基处理。

(5) 排水设施。基础上设排水孔,孔径不小于 10 cm,间距 3~5 m。面板通过缝干砌作为排水缝,间距 2~3 m,上下层交错布置。面板内侧设置滤水层的,若滤水层为砂砾,为防止填料漏失,排水缝内侧贴土工布;滤水层可根据填料性质和水文情况根据需要设置,一般设置宽度为 30~50 cm。

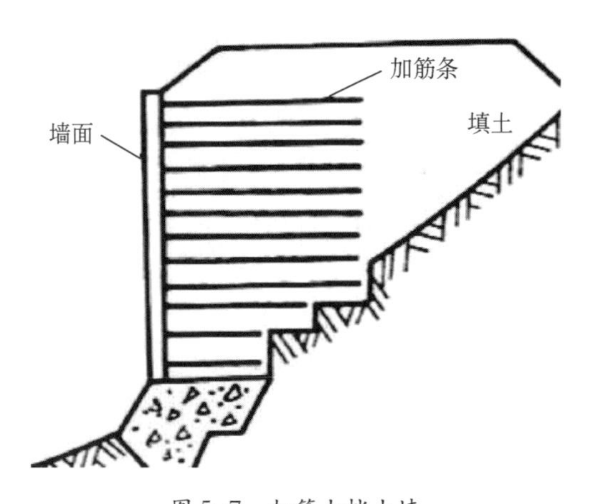

图 5-7 加筋土挡土墙

5.4 预制(板桩式)挡土墙

5.4.1 桩身断裂控制

【问题描述】

桩在沉入过程中,由于地质、施工操作、桩身质量等原因,桩身突然倾斜错位,贯入速度不正常,在桩顶的钢法兰与混凝土接触处裂碎,桩身断裂。

【原因分析】

(1) 打桩需要穿过1～2层较硬的土层时,造成锤击能量加大,次数加多。因在锤击时,会交替出现压应力和拉应力,压应力过大会将桩体打坏,拉应力过大易产生横向裂缝;桩在反复锤击疲劳作用下被破坏;遇到地下大块坚硬障碍物,把桩尖挤向一侧。

(2) 稳桩时不垂直,打入地下一定深度后,用走桩架校正的方法,使桩身产生弯曲。

(3) 制作桩的水泥强度等级不合要求,砂、石含泥量大,规格不准,使桩身局部强度偏低,养护碳化期不够而影响正常施打。

(4) 桩在起吊、运输、堆放、吊立稳桩过程中操作不合要求。

(5) 制作桩时,桩身弯曲超过规定,桩尖偏离桩的纵轴线较大,沉入过程中桩身发生倾斜或弯曲。

(6) 多节桩相接的两节桩不在同一轴线上,产生了弯曲。

【预控措施】

(1) 施工前应将地下障碍物,如旧墙基、条石、大块混凝土等清理干净,尤其是桩位下的障碍物,必要时用钎探检查。

(2) 稳桩时,要进行双向校正,开始锤击时,要先打几次冷锤再进行校正,无误后方可正常施打,待打入一定深度,发现倾斜,要找出原因,不得用走桩架校正的办法;稳桩过程中及时纠正不垂直,接桩时要保证上下桩在同一纵轴线上,接头严格按照操作规程施工。

(3) 桩的质量要认真检查,加强桩身弯曲超标或桩尖不在纵轴线上的检查,并做好记录,不符合要求的,不得使用。

(4) 桩的起吊、运输、堆放,应执行《建筑桩基技术规范》(JGJ 94—2008)的相关要求。

5.4.2 桩顶混凝土碎裂控制

【问题描述】

在击打沉桩过程中,由于锤击力过大、锤击偏心、未加减振材料等原因,致使桩顶接触处的混凝土发生碎裂。

【原因分析】

(1) 桩顶与桩锤帽未加减振材料或未及时更换减振弹性材料。

(2) 当桩头受锤击力作用时,桩头下混凝土发生纵向压缩变形,也产生了膨胀变形,所以在遭受过大锤击力作用时,易出现受拉破坏,产生纵向裂缝,扩大、剥落以至破坏。

(3) 桩头受锤击时,还会产生某种程度的锤击偏心,或拉应力集中现象,而预应力管桩中的纵向预压力也起不利作用,所以打桩破损最容易出现在桩头部位。只要桩头完好,一般桩身就不会发生问题。

(4) 桩顶质量不过关,原因如桩顶振捣不密实、桩顶钢筋网片不足、主筋距桩顶距离过小、养护不当等。

【预控措施】

(1) 稳桩前桩帽内预先放好合适的减振材料,如工业用的布轮、麻袋、纸袋等物,根据锤击时间与次数,要适时更换,保证减振效果。

(2) 根据地质条件、桩断面尺寸、桩构件的长短,合理选择桩锤,其原则以重锤低击为准。

(3) 稳桩前先校正桩架的垂直度,待稳桩后,再校正桩的垂直度,以保证桩被垂直打入,减小偏击现象,从而降低损坏率。

(4) 桩制作时,要振捣密实,主筋不得超过第一层钢筋网片;经过蒸养达到设计强度后,还应有 1～3 个月的自然养护,使混凝土能较充分地完成碳化过程和排出水分,增加桩顶抗冲击能力。

5.4.3 预制挡墙板无法安装控制

【问题描述】

预制挡墙板因扭曲、凹凸、预埋件位置偏离等原因导致无法安装。

【原因分析】

(1) 预制挡墙板的扭曲、凹凸造成安装的困难,难以找平相邻板面,妨碍了墙面直顺度及平整度、板间错台的质量指标。

(2) 扶壁式和悬臂式在现浇水泥混凝土基础上或墙板上预埋拉结钢板,其纵横轴线常有偏移,不能与预制墙板的预埋件吻合做直接焊接,常常要另加设拉结钢板或拉结钢筋;预埋件偏移,须另加间接连接钢件,增加了焊接难度,这种间接焊接很难保证有足够的焊缝长度从而降低拉结强度,易造成挡墙板不均匀外闪。

【预控措施】

(1) 向厂家订制构件要提出明确的质量指标。在构件进场前,要在预制厂做好质量验收,不合格者不能运输;模板要有足够的刚度,变形的模板不能使用;浇筑中要观测模板四角的变化,如有不均匀沉降,应及时进行调正。

(2) 预埋件的平面位置和高程位置要测设准确,并设法固定在基础主筋上或用混凝土预先固定;对预制厂的首件检查验收时,应特别注意和强调预埋件位置的准确性和固定的牢固性(图 5-8)。

图 5-8 预制挡土墙施工

5.4.4 预制挡墙板折裂控制

【问题描述】

挡墙板的内外倾斜度超过质量标准,特别是 3 m 以上的高挡墙板,全高偏差超过 15 mm(挡墙板安装垂直度不大于 15 mm)。外倾度过大,会造成挡墙板与基础拉结部分破坏失效;弹性变形,会造成挡墙板折裂,留下倾覆的隐患。

【原因分析】

(1) 挡墙基础预埋件偏移或挡墙板预埋件偏移,造成焊接困难,加大了挡墙板安装时对垂直度控制的难度。

(2) 挡墙板背后超厚回填土,受侧向土压力过大,挡墙板弹性变形过大造成倾斜度大。

【预控措施】

(1) 保证基础预埋件和预制构件预埋件位置的准确度,保证按设计和规范要求焊接牢固。

(2) 根据实践经验,挡墙板的安装可以预留一定内倾度,即预留出挡墙板受侧向推力的弹性变形量。

(3) 挡墙板内路基的回填一定要严格执行分层回填压实的要求,绝不能超厚回填增大侧向土压力。

5.5 现浇(悬臂式和扶臂式)挡土墙

5.5.1 墙体全部倾斜或局部倾斜控制

【问题描述】

(1) 挡墙拆模后,墙体全部或局部段倾斜,垂直度严重超过标准规定。

(2) 局部出现洼兜和鼓肚,造成平整度严重超出标准要求。

(3) 以上情况多是因为模板体系设计或实施不合理,如不返工处理,则会造成外观质量上的永久缺陷,严重的会大大降低整体工程的质量状况。

【原因分析】

(1) 支撑模板的斜撑或对拉螺栓紧固力不均匀,局部支撑力或紧固力过大,局部松弛,当浇筑时,混凝土自重和振捣向外的推挤力,模板松弛部分混凝土表面便会出现鼓肚;支撑力、紧固力过大的,通过振捣设备的振动有可能向内移动或不动,便出现凹陷的现象。

(2) 支撑模板的斜撑,全部或局部强度或刚度不足,经受不住混凝土自重加振捣冲击力,出现整体或局部向外移动。

【预控措施】

(1) 模板和支撑杆件要具备足够的强度和刚度,能够承受施工所带来的人、机械、混凝土及振捣的施工荷载(图 5-9)。模板的连接要紧固,立柱、横肋、斜撑、拉索、地锚相互间的连接要紧密;通过计算合理确定对拉螺杆位置与数量;地锚要牢固,不能因受力而移动和松动;垫板、楔块与支撑杆之间要严实。

图 5-9 挡土墙钢模板

(2) 混凝土浇筑前,施工单位要仔细检查每个支撑点、每个支撑杆件的支撑效果,并经监理工程师检查验收后方可浇筑。

(3) 混凝土的浇筑,尽量减少对模板的冲击,混凝土应在一定厚度、顺序和方向分层下灰,分层振捣,分层厚度一般不应超过 30 cm。

(4) 在浇筑过程中,要设专人、专项设备,随时进行检查,如有松动和跑胀模现象,应及时采取有效的加固措施和补救措施。

5.5.2 模板接缝处起砂、麻面和接缝处局部错台控制

【问题描述】

(1) 拆模时,模板与墙面黏结,拉掉墙面表层光面。

(2) 模板接缝处局部出现 5 mm 以上错台。

(3) 模板接缝处和墙身根部出现起砂、麻面现象。

(4) 挡土墙混凝土上述缺陷虽不影响结构质量,但十分影响外观,面积超过 1%仍然使这个检查项目不合格,修理后也难以达到好的效果。图 5-10 为现浇挡土墙施工。

图 5-10 现浇挡土墙施工

【原因分析】

(1) 旧模板上的锈迹或黏结的砂浆未清除干净,或脱模剂涂刷不匀,局部缺失,造成黏模,拉掉墙面表层光面。

(2) 模板块与块接缝处,连接模板的 U 形卡子未卡牢,而其中一块模板又未与横肋或立柱贴紧,经浇筑混凝土受力后错动,或因模板扭曲变形,本来就有错台。

(3) 模板接缝和模板底面与挡墙基础顶面封闭不严,造成漏浆,从而出现起砂、

麻面现象。

【预控措施】

(1) 重要工程应尽量使用新制钢模板。如使用旧模板,必须认真筛选,可用的要进行调正调平的修理工作;模板面不能扭曲,不能有明显坑洼,模板边框应平整直顺,两块模板连接面应夹紧对严;并应除锈、除脏,打磨光洁。

(2) 支搭模板时,应将连接模板的 U 形卡子卡牢,并应将立柱或横肋贴紧模板,遇有空隙应用木楔塞严。

(3) 所有模板缝应一律应用橡胶带或海绵条挤紧封严。

(4) 在浇筑混凝土时,同样应有专人负责巡视检查,遇漏水漏浆应及时补救。

5.6 墙背(台背)填土

5.6.1 不良基底处置不当造成的路面沉降控制

【问题描述】

不良基底处理不当,造成在较大荷载作用下台背及墙背路基沉降过大,引起路基开裂、路基失稳,导致路面沉降(图 5-11)。

图 5-11 台背挡墙沉降

【原因分析】

由于部分台背及墙背基底存在淤泥、淤泥质土及天然强度低、压缩性高、透水性小的黏土等不良软土基,处理工艺选取不当、换填材料不合格以及施工过于粗糙等将造成在较大荷载作用下路基沉降过大引起路基开裂、路基失稳、路面沉降。所以在台背及墙背回填前必须正确处理好不良软土地基,以减少工后沉降,控制桥头跳车和路面的不均匀沉降。

【预控措施】

在桥涵台背回填前,为减少路、桥涵衔接处的差异沉降,选取合适施工机具和施工工艺正确处理好桥涵背后软土地基以减少工后沉降,是控制桥头跳车和路面沉降的预防措施。

常用的桥涵台背软土地基处理方法有表层处理法、换填法、垂直排水固结法等措施。具体可以采用置换土、换填砂、砂桩、振动碎石桩和矿渣桩、喷粉桩、灰土挤密桩、塑料排水板及土工织物等方法进行地基加固,以提高地基的整体承载能力,确保路基填土工后沉降符合要求。施工过程要严格控制质量。

5.6.2 回填材料不当引起的路基沉降控制

【问题描述】

回填材料不满足设计要求,渗水性差,压实功不足等原因引起路基沉降。

【原因分析】

回填材料一般无特殊设计,一般要求采用砂类土或渗水性较好的土。但是在施工过程中往往考虑更多的是材料来源容易性及经济性,未能进行严格把关,出现材料选择不合理的现象,以致采用了不合理的回填料,造成路基变形。

【预控措施】

桥涵台背的回填和挡土墙背后回填材料影响到路基填筑的质量,填筑材料质量好坏是沉降发生的内因(图 5-12)。

图 5-12 台背路基回填

填料应符合设计规定。设计未规定时,宜采用天然砂砾、二灰土、水泥稳定土或粉煤灰等轻质材料,不得采用含有泥草、腐殖质或冻块的土。

应确保回填材料具有足够的压实度(一般不小于 96%),分层压实厚度不宜大于 150 mm,台后 1 m 范围内宜采用小型夯实机具压实。

5.6.3 台背及墙背后路面差异性沉降控制

【问题描述】

因桥涵台背及挡土墙背后压实度不达标,造成台背及墙背后回填差异沉降变形。

【原因分析】

由于人为原因压实厚度过大,靠近桥涵台身以及挡土墙处施工困难,重型压路机难以靠近,未采用小型压实机具,或者压实遍数不足,从而使该部位的填方土地未达到压实度要求,造成桥涵台背及挡土墙背后回填差异沉降变形。

【预控措施】

1. 桥涵台背回填的厚度控制

(1) 台背回填每层厚度与压实机具有关,不同压实机具一般采用不同的压实厚度。

(2) 台背回填应分层回填压实,压实厚度一般规定每层 15 cm,用 12~15 t 三轮压路机碾压时,每层压实的厚度不宜超过 20 cm;并应在桥台背墙或明显地方标明高度逐层填筑、逐层碾压。

(3) 涵洞两侧的回填土,应在结构防水层的保护层已经完成、同时保护层砂浆强度达到要求后方可进行,回填时,两侧对称进行,高差不宜超过 300 mm。

2. 桥涵台背回填压实度控制

(1) 台背回填处地表的处理。在台背开始回填之前,应先对基坑内的泥浆、杂物等进行清除,然后进行碾压。碾压后的基底压实度一般要求为 93%。压实度达到设计要求后方可进行台背回填。

(2) 桥台背部分:桥台台背填土压实度标准,从填方基底至路床顶面均为 96%。

(3) 涵洞台背回填应在两侧同时平衡进行回填,回填钢筋混凝土盖板涵时,只有在盖上钢筋混凝土板后才能回填。选用同型号的机械同时进行碾压,避免台背回填时因一侧施工而发生移位变形。

(4) 实际施工过程,受到作业空间限制,局部位置大型机械不能使用时,必须采用小型手扶振动夯或手扶振动压路机压实及相结合进行压实(图 5-13)。

(5) 压实度要层层进行检测,检查频率必须符合要求,不合格处应进行复压,直至全部满足压实要求(图 5-14)。

图 5-13　手扶振动压路机

图 5-14　台背填土压实度检测

5.6.4 排水处理不当引起的路基沉降控制

【问题描述】

因台后或墙后路基渗水或排水设施设置不当，导致路基变形，引起路基沉降。

【原因分析】

路基填料受渗水侵蚀引起变形,桥台涵洞挡土墙一般采用浆砌块片石或钢筋混凝土结构,路基与台背结合处,会产生细小裂缝,雨水渗入后对背后填料影响较大,极易产生侵蚀和软化,降低强度,从而导致填方体变形,路基发生沉降。

【预控措施】

(1) 桥台台背回填前应按照设计要求在土拱上设置泄水管或盲沟。填土过程应防止雨水的侵害,回填结束后顶部应及时封闭。

(2) 挡土墙墙背回填处设计有泄水孔(图 5-15),一定要按设计要求或设置碎石、粗砂或砾料层,以达到泄水孔处过滤作用。

(3) 在涵洞台背回填时可在八字墙部位的排水层中加设 PVC 多孔透水管。

图 5-15 挡土墙泄水孔

6.1 水泥稳定碎石基层和底基层

6.1.1 基层和底基层出现坑槽控制

【问题描述】

水泥稳定碎石由于材料离析、强度损失、级配设计不合理、拌合不均匀等导致基层、底基层局部产生坑槽，对路面结构造成较大的质量隐患(图 6-1、图 6-2)。

图 6-1 水泥稳定碎石坑槽

图 6-2 水泥稳定碎石施工质量控制

【原因分析】

1. 填筑材料

水泥稳定碎石粒料自身级配较差,粗、细集料不能形成良好的骨架结构,如粗集料含量偏高,缺乏足够的细集料填满空隙;细集料含量偏高,未形成有效的骨架结构,造成抗压强度不足,导致局部坑槽。

2. 设备及施工工艺

(1) 拌和设备老化、损坏。拌和设备由于老化在拌和过程中出现损坏或者不能使投入其中的水泥稳定碎石混合料全部拌和,出现局部拌和不均匀,水泥不能充分裹附在骨料表面,不利于骨料颗粒之间的黏结和后期强度的形成,在碾压过程中会造成脱粒进而形成坑槽。

(2) 拌和时间不足。拌和时间不足使得水泥稳定碎石材料的拌和不均匀、不充分,导致拌和过程中混合料中的粗、细集料不能均匀分布,不能形成均匀的骨架结构,在碾压受力时容易出现受力不均,出现坑槽。

(3) 拌和场地选择不合适。运输距离过长使得水泥稳定碎石材料由拌和出厂到碾压成型的时间超出水泥初凝时间,造成碾压成型困难,易出现坑槽。

(4) 运输过程控制不当。在运输的过程中,缺少有效覆盖或使用底部漏水的车辆运输,造成水分蒸发或浆体流失严重。此外,在运输过程中出现频繁的加、减速和紧急制动、转弯等造成水泥稳定碎石混合料的离析,造成摊铺和碾压困难,出现坑槽。

(5) 施工时摊铺与压实工艺不满足要求,未到达规定的养生时间、压实度和强度。

【预控措施】

1. 填筑材料

确保水泥拌和厂生产出的水泥稳定碎石混合料配合比的稳定,满足设计要求。

2. 设备及施工工艺

(1) 在拌和工作开始前,应对所用的拌和设备进行检查,确保拌和过程中不会出现设备损坏,并对潜在的可能影响拌和效果的风险进行控制,确保整批次混合料的拌和质量。

(2) 严格控制拌和时间。在正式拌和前,应进行试拌,确定最佳的拌和时间,并在整批次混合料的拌和过程中严格按照最佳拌和时间进行控制。

(3) 合理选择拌和厂站位置。使水稳稳定碎石混合料的运输距离和运输时间满足《公路路面基层施工技术细则》(JTG/T F20—2015)要求,确保在水泥初凝之前完成混合料的碾压成型。

(4) 全面排查运输车辆,确保运输车辆功能的完整性,并在运输过程中对材料进行有效覆盖,最大限度减少水分或浆体流失。严格要求运输车辆在运输过程中平稳驾驶,不得进行频繁的加、减速和紧急制动、转弯,确保混合料到达摊铺场地时的材料均匀性。

6.1.2 基层和底基层松散、裂缝控制

【问题描述】

水泥稳定碎石基层由于其原材料的质量不符合要求,混合料的拌和不充分,在运输过程中未进行有效覆盖出现水分散发较多,以及运输过程中运料车出现频繁的加、减速和急刹、急转等驾驶行为造成混合料出现离析,导致水泥稳定碎石基层和底基层难以摊铺和碾压成型,容易出现松散、裂缝现象,对路面结构的安全造成较大的质量隐患(图 6-3、图 6-4)。

图 6-3 水泥稳定碎石开裂

图 6-4 水泥稳定碎石养护中

【原因分析】

1. 填筑材料

(1) 使用了低标号水泥或未按规定对进场水泥进行检测,水泥出现结块、硬化,安定性不符合要求。

(2) 集料的含泥量和压碎值等指标不符合要求,造成水泥稳定碎石基层干缩性增大,易使基层产生裂缝。

(3) 水泥稳定碎石配合比设计未进行生产配合比验证,造成原配合比设计中的水泥、水用量不足或者集料级配设计不合理,使制备的水泥稳定碎石混合料材料性能不能满足设计要求。

2. 设备及施工工艺

(1) 混合料拌和时间不足,拌和不充分,骨料无法均匀分布,水泥浆体无法裹附在骨料表面将其有效黏结,混合料较为松散,难以碾压成型。

(2) 水泥稳定碎石混合料在运输过程时,运输车未按要求覆盖篷布,造成混合料中的水分散失较多、混合料过干,难以有效黏结和压实,碾压后的水泥稳定碎石基层、底基层容易出现松散和开裂现象。

(3) 水泥稳定碎石混合料未能充分压实,基层强度不足或厚度不够,在外荷载下容易产生强度裂缝。

(4) 施工接缝衔接不良产生的收缩缝。接缝前后两段混合料摊铺间隔时间越长越易产生开裂。

(5) 水泥稳定碎石基层铺筑后未及时覆盖养生或养生不到位,使得基层被暴晒,基层结构内水分损失过快,影响水泥的水化反应使其强度降低,还会使得其结构因干缩加快而产生松散和开裂。

(6) 气温低于 5 ℃或下雨天进行水泥稳定碎石基层施工。

【预控措施】

1. 填筑材料

(1) 路面基层宜采用强度等级较低的水泥,常采用 42.5 级的水泥,其各龄期强度、安定性等应达到相应指标要求;选用的水泥初凝时间应大于 3 h,终凝时间应大于 6 h 且小于 10 h。在水泥稳定材料中掺加缓凝剂或早强剂时,应对混合料进行试验验证。缓凝剂和早强剂的技术要求应符合《公路水泥混凝土路面施工技术细则》(JTG/T F30—2014)的规定。若采用散装水泥,在水泥进场入罐时,应了解其出炉天数。刚出炉的水泥,应停放 7 d,待安定性检验合格后方能使用。夏季高温作业时,散装水泥入罐温度不应高于 50 ℃,若必须使用时,应采用降温措施。

(2) 优选各种硬质岩石加工成的碎石作为稳定碎石基层材料的集料,且集料堆场应搭设防雨棚,集料应堆在防雨棚内,严禁露天堆放。

(3) 应根据设计配合比做生产配合比验证,根据拌和厂站集料组成和干湿状态进行各组分的调整,直至试配出满足设计要求的水泥稳定碎石混合料为止。

2. 设备及施工工艺

(1) 拌和前,对设备进行检查,消除隐患,确保整个拌和期间设备能够正常运行;根据通过生产配合比验证确定的拌和时间严格控制混合料的拌和时间,保证混合料拌和得充分、均匀。

(2) 水泥稳定碎石混合料装车后,应使用篷布将运输车辆厢体覆盖严密,直至在摊铺机前准备卸料时方可打开。

(3) 混合料应在接近最佳含水量状态时碾压,严禁随意浇水、提浆,以减少干缩;要防止碾压时含水量过小,导致压实度和强度不足,产生强度裂缝。严格控制混合料压实后的厚度满足《公路路面基层施工技术细则》(JTG/T F20—2015)和设计要求。

(4) 对实行分段施工的水泥稳定碎石基层,在碾压时,应预留 3~5 m 混合料暂缓碾压,待下段混合料摊铺后再进行碾压,以利衔接。前后段施工时间不应间隔太长,宜控制在 24 h 以内。对于分层碾压的基层,上下层的接头应错开 3~5 m,以减少出现裂缝的机会。

(5) 水泥稳定碎石基层在碾压完成并经压实度检查合格后,应及时养生,养生期应不少于 7 d,并宜延长至上层结构开始施工的前 2 d。养生可采取洒水养生、薄膜覆盖养生、土工布覆盖养生、铺设湿砂养生、草帘覆盖养生、洒铺乳化沥青养生等方式,应结合工程实际情况选择适宜的养生方式。养生期间应封闭交通,除洒水车和小型通勤车辆外其他车辆严禁通行。

(6) 水泥稳定碎石基层的施工应选择适宜的气候环境,针对当地气候变化制订相应的处置预案,并应符合下列规定:

① 宜在气温较高的季节组织施工。水泥稳定碎石施工期的日最低气温应在 5 ℃以上,在有冰冻的地区,应在第一次重冰冻到来的 15~30 d 之前完成施工。

② 宜避免在雨季施工,且不应在雨天施工。

6.2 石灰粉煤灰稳定粒料基层和底基层

6.2.1 基层和底基层出现坑槽控制

【问题描述】

基层和底基层由于石灰粉煤灰稳定粒料黏结不牢固而局部脱落形成的坑洼,导致坑槽病害产生,若维修养护不及时,则会影响到面层整体结构的安全(图 6-5、图 6-6)。

图 6-5　二灰基层出现坑槽

图 6-6　二灰基层施工质量控制

【原因分析】

1. 填筑材料

(1) 混合料的强度不满足规范规定和设计的要求。

(2) 混合料材料组成不合理,难以碾压,满足不了压实度要求。

2. 设备及施工工艺

(1) 石灰粉煤灰粒料层的摊铺厚度控制不合适,单层层厚太厚,则压实度难以达到设计要求;层厚太薄,则不容易压实成型。

(2) 在冬季低温条件下施工时,未对刚施工完成的基层、底基层的养护采取必要的保护措施。

【预控措施】

1. 填筑材料

石灰粉煤灰稳定粒料基层类型应根据修建道路的等级和类型合理选用。悬浮密实型石灰粉煤灰粒料中集料的用量应控制在50%左右,最大粒径可较大,颗粒强度可适当降低,适用于各等级道路的基层、底基层;骨架密实型石灰粉煤灰粒料中集料的用量应控制在75%左右,最大粒径较小,并应有一定的级配,适用于快速路和主干路基层、底基层。施工时可根据具体要求选择不同类型石灰粉煤灰粒料,以达到加固路面结构强度的要求。

2. 设备及施工工艺

(1) 根据《公路路面基层施工技术细则》(JTG/T F20—2015)中第5.4节规定,石灰粉煤灰每层碾压厚度应控制在160~200 mm。

(2) 尽可能避免在冬季施工,若必须要在冬季施工时,为保证石灰粉煤灰稳定粒料的质量,防止其被冻坏,在施工完成后应立即采取一定的保护措施,如合理安排基层、底基层施工时间,对直接暴露过冬的二灰稳定材料,其上需覆盖100~200 mm的砂土保护层。

6.2.2 基层和底基层松散、裂缝控制

【问题描述】

石灰粉煤灰稳定碎石基层、底基层作为一种半刚性基层材料,因其自身原材料不合格或施工、养护方法不合适而产生的表面松散、开裂病害,会对路面结构的整体安全造成较大的质量隐患(图6-7、图6-8)。

若材料含水量不足或碾压不充分则容易造成表面松散。

图6-7 二灰基层开裂

图 6-8　二灰基层养护中

【原因分析】

1. 填筑材料

采用了劣质石灰或石灰堆放时间较长，游离氧化钙含量少，或石灰未充分消解、遇水后膨胀，造成局部松散。

2. 材料配合比

(1) 石灰、粉煤灰及碎石的配合比设计不合理，造成石灰、粉煤灰在收缩变形时产生裂缝。施工中各种颗粒的变异性大、级配波动大，容易造成细集料或粗骨料偏多，致使其混合料不均匀，加剧干缩裂缝的产生。

3. 设备与施工工艺

(1) 施工单位在进行配料时不准确，导致其中石灰、粉煤灰、集料的比例不合理，压实度难以达到要求，并且容易形成薄弱面，出现局部松散现象。

(2) 拌和不均匀，混合料中的各组分难以有效黏结，出现局部松散或者开裂现象。

(3) 混合料在碾压时，含水量过小，碾压时不成型，影响了强度形成和增长，会发生“弹簧”现象，甚至会产生龟裂。

(4) 在石灰粉煤灰稳定粒料基层摊铺碾压完成后未及时进行养生，导致基层随着混合料含水量的蒸发而产生干缩开裂，以及因强度未形成导致的抗拉应力小于干缩产生的内应力而全断面开裂。

(5) 石灰粉煤灰稳定粒料基层施工完成后未及时铺筑上面层，导致其长时间暴露在大气之中，受温度和水分变化的影响，产生干燥收缩和温度收缩，促使基层产生裂缝。

(6) 有重车通行。未筑上层的二灰稳定碎石、水泥稳定碎石基层，不能承受重车荷载的作用。当重车通过时,易造成损坏,产生裂缝,尤其是当下卧层的强度不足和在养生期间更易产生裂缝。

(7) 在极端高温、低温或者雨季施工,未制定专项措施造成基层松散、开裂。

(8) 碾压时为弥补厚度或高程不足,采取薄层贴补。

【预控措施】

1. 填筑材料

根据《公路路面基层施工技术细则》(JTG/T F20—2015)中的规定,高速公路和一级公路用石灰应不低于Ⅱ级技术要求,二级及二级以下公路用石灰应不低于Ⅲ级技术要求。高速公路和一级公路的基层,宜采用磨细消石灰。

2. 设备及施工工艺

(1) 推行首件制,验证设计配合比,称料准确,使制备的混合料的质量符合设计要求,并保证混合料充分均匀拌和。

(2) 混合料碾压时含水量应严格控制在允许范围内,避免过干或过湿,并确保压实度达到《公路路面基层施工技术细则》(JTG/T F20—2015)中的要求。

(3) 在混合料施工完成后立即进行养生,并在养生完成后及时进行上面层的摊铺,若不能进行上面层摊铺,应进行覆盖并采取必须的养护措施。

(4) 养生期间,严禁重车通行,严禁车辆停靠,如必须停靠,应待强度满足要求后停靠。

(5) 尽可能选择在有利季节进行施工,避免在极端天气条件下施工。

(6) 禁止薄层贴补,局部低洼或松散起皮处,应留待修筑上层结构时解决。

6.2.3 基层和底基层起拱控制

【问题描述】

石灰粉煤灰稳定类粒料基层、底基层在施工完成后,由于原材料膨胀,出现部分路段拱起现象,造成面层起拱,对整个路面结构的安全带来较大的质量隐患(图 6-9、图 6-10)。

【原因分析】

(1) 石灰消解不充分,“过火石灰”含量不符合标准规范要求,施工完成后会继续缓慢消化,在消化过程中产生大量的热,同时伴随着体积膨胀。

(2) 粉煤灰中的 SO_3 含量偏高,不符合标准规范要求。

【预控措施】

(1) 尽量采用熟石灰粉。若采用现场消解,则消解完成后必须进行过筛后方可使用。

(2) 必须严格控制粉煤灰中 SO_3 含量≤3%,并符合《用于水泥和混凝土中的粉煤灰》(GB/T 1596—2017)中的相关规定。对于含量偏高、质量不达标的材料严禁使用。

图 6-9 弹簧土

图 6-10 熟石灰现场消解

6.3 沥青混合料面层

6.3.1 沥青路面出现裂缝控制

【问题描述】

半刚性基层由于自身收缩、疲劳、施工缝、沟槽回填等形成与行车方向平行或垂直的裂缝,初期对路面性能无明显影响,但随着雨水沿缝下渗和行车荷载的反复作用,产生冲刷和唧浆现象,并有少量网裂、松散等(图 6-11)。

(a) 纵向裂缝

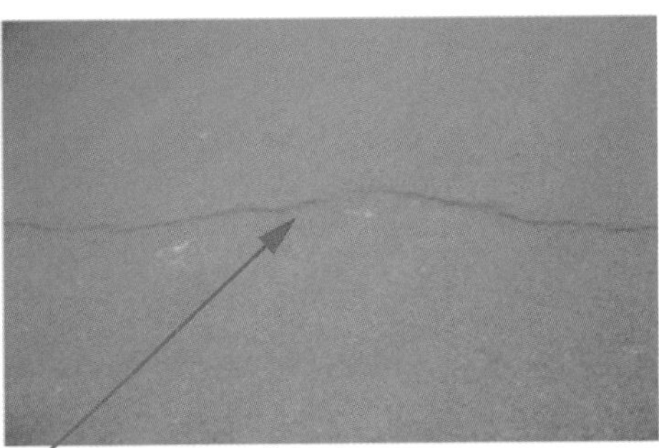

(b) 横向裂缝

(c) 松散

(d) 施工接缝处理

图 6-11 路面出现裂缝

【原因分析】

1. 路面材料

沥青质量没有达到本地区施工气候要求、混合料级配设计不合理或者沥青及骨料、矿粉填料等没有达到相关技术标准,致使沥青混凝土面层温度收缩或温度疲劳应力大于沥青混凝土的抗拉强度,产生裂缝和松散。

2. 设备及施工工艺

(1) 施工缝前后摊铺幅的冷接缝未按《公路沥青路面施工技术规范》(JTG F40—2004)要求处理好,结合不紧密而脱开,结合不良。

(2) 拓宽路段的交界处沉降,半刚性基层收缩裂缝的反射缝。

(3) 沟槽回填土压实质量差,桥梁涵洞两侧的填土处理不当产生不均匀沉降。

【预控措施】

1. 路面材料

按照《公路沥青路面施工技术规范》(JTG F40—2004)中相关要求,结合本地区的气候条件和道路等级选用符合要求的沥青种类,以减少或消除沥青面层的温缩裂缝。施工中所采用的沥青应该到本地区相关试验检测机构进行试验检测,验证其是否符合相关技术标准。

2. 施工工艺

(1) 尽可能采用全路幅一次摊铺,如分幅摊铺,前后幅应紧跟,避免前摊铺幅混合料冷却后才摊铺后半幅,确保热接缝,避免冷接缝;下次施工前应对已有的接缝进行处理。

(2) 拓宽路段的基层和材料须和老路面一致或稍厚,土路基应密实稳定。在旧路面加罩沥青路面结构层前,可先铣刨原路面再加罩,或铺设土工布、玻纤网后再加罩,以延缓反射裂缝的形成;设置应力吸收层。

(3) 沟槽回填土应分层填筑、压实,压实度必须达到要求;桥涵两侧填土需充分压实。

6.3.2 沥青路面出现车辙控制

【问题描述】

沥青路面面层轮迹带由于长期重复车轮荷载作用而产生永久变形,并形成两条下凹的槽最终形成车辙,对行车安全造成安全隐患(图 6-12、图 6-13)。

【原因分析】

1. 路面材料

(1) 矿料级配。矿料级配过粗会使空隙率增大、矿料间稳定性下降,从而导致沥青混合料动稳定度降低;而粗骨料过细、细骨料增加,形成悬浮结构,动稳定度也会下降。

图 6-12 车辙

图 6-13 沥青混合料碾压质量控制

(2) 沥青用量。超过最佳沥青用量就会产生游离沥青,减少集料之间的内摩阻力和稳定性,降低动稳定度。

(3) 沥青与矿料的黏附性。沥青与矿料黏附性较差,将降低沥青与矿料的黏结力,在夏季高温和车辆荷载作用下,将产生永久形变。

2. 设备及施工工艺

(1) 沥青混合料施工温度未严格按施工规范控制,其中包括料拌温度、出厂温度、到场温度、初压温度,导致面层压实度不足产生车辙。

(2) 路面铣刨加罩施工时,应严格评估原路面技术状况。如原路面病害未处置、沥青老化、加罩压实度不足等原因均会导致后期车辙产生。

【预控措施】

1. 路面材料

(1) 在沥青混合料的配合比设计中,对沥青路面车辙产生影响的因素主要包括两个方面:一是集料的级配组成;二是各种材料的配比。这两方面均应按设计要求,以马歇尔实验及车辙实验结果为依据进行确定。集料的级配组成尽可能地采用大粒径较多的骨架密实型结构。

(2) 由于沥青用量的大小对沥青混合料的高温抗车辙能力具有敏感性,故此对沥青的用量则应选择最佳沥青用量范围的下限。

(3) 选用坚硬、安定、表面粗糙、颗粒接近立方体的与沥青有较好黏附性的集料及采用石灰岩等憎水性石料磨细得到的矿粉,以及优质黏稠沥青均可大大提高沥青混合料高温稳定性及沥青路面抗车辙能力。

2. 设备及施工工艺

沥青路面施工中,除了应严格按施工规范要求进行施工外,最重要的有两点:一是沥青混合料施工温度的控制;二是沥青路面的施工碾压。沥青路面压实机具的配备不仅要满足施工的基本要求,而且要有足够的数量和压实功能的机具,以确保沥青混合料摊铺完毕后进行及时有效的压实;而在保证混合料中碎石不被压坏的条件下,采用高压实度是沥青路面施工的最后一道工序,也是防止或减轻路面车辙的最重要的一个环节。

6.3.3 沥青路面出现松散、坑槽控制

【问题描述】

沥青路面在行车荷载作用下,路面骨料局部脱落导致坑槽产生,影响行车安全性、舒适性和路容路貌(图 6-14、图 6-15)。

图 6-14 坑槽

图 6-15 沥青混合料现场摊铺质量控制

【原因分析】

1. 路面材料

沥青失去对骨料的黏附性,如含蜡量不合格或者抗剥落剂不合格,在行车荷载作用下,出现掉粒松散,进而演变成坑槽。

沥青混合料配合比设计不当,空隙率过大,在行车荷载作用下加剧松散、坑槽等病害。路面压实功不足、路面排水不畅,长期积水掺水破坏路面结构。

2. 设备及施工工艺

(1) 沥青混合料在施工时拌和不均匀,沥青含量相对较少,不能将集料有效黏结在一起,在高速行驶车辆作用下,较细的集料被吸出,导致局部松散坑槽。

(2) 施工时混合料温度太高,使沥青老化,黏结力降低,脆性增加,导致压实不够,黏结不牢,在行车载荷作用下,形成坑槽。施工时混合料温度太低,混合料温度下降快,摊铺不均匀,压实不充分,也会形成坑槽。

(3) 摊铺时,下面层表面泥灰、垃圾未彻底清除,使上下层不能有效黏结。

(4) 路面加罩前,原有的坑槽、松散等病害未完全修复。

(5) 养护不及时,当路面出现裂缝、松散等病害或被机械意外刮铲损坏后,未及时养护修复。

【预控措施】

1. 路面材料

严把沥青、集料的质量,确保其质量的稳定性。

2. 施工工艺

(1) 确保沥青拌和厂生产的混合料生产配合比和温度的稳定。

(2) 完善摊铺、压实工艺,确保沥青路面各项指标达到《公路沥青路面施工技术规范》(JTG F40—2004)中的相关要求。摊铺宽度不宜过宽(不宜超过 7.5 m)、控制好摊铺温度以防温度离析,使用轮胎压路机控制好压实度。对骨料离析和低温料块施工及时处理,杜绝层间污染,沥青面层之间洒布黏层油。

(3) 面层摊铺前,必须清扫干净下面层后再喷洒黏层材料。

(4) 如进行加罩,必须先对原路面的病害处置后再施工。

(5) 及时对路面出现的各种病害进行修补,避免病害扩展升级。

6.3.4 沥青路面抗滑不足控制

【问题描述】

沥青路面表层由于构造深度和摩擦系数不足,表面光滑,尤其在路面有积水状态下,降低了车轮同路面的附着力,在车轮转向、刹车、改变车速的情况下,无法给予车辆足够的摩擦力以提供制动,易产生抗滑不足现象,对行车安全造成隐患(图 6-16、图 6-17)。

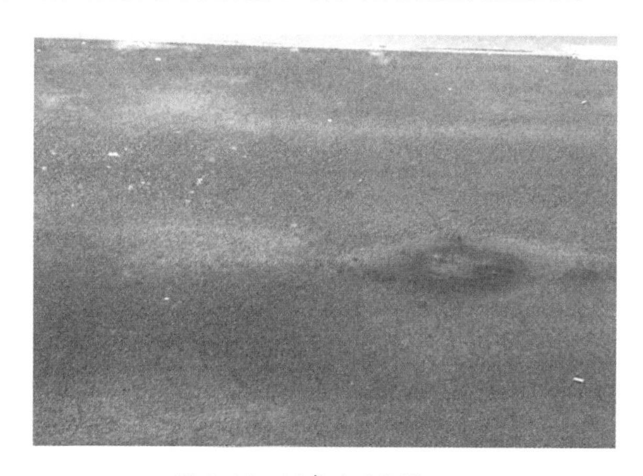

图 6-16 沥青路面抗滑不足

图 6-17 沥青路面铣刨加罩

【原因分析】

1. 路面材料

(1) 集料耐磨性差,石料磨光值较小,磨耗值较大,易被汽车车轮磨损。如石灰岩属于碱性材料,与石油沥青的黏附性较好。

(2) 抗滑类型选择及级配设计不当,不同矿料级配组成的抗滑结构层,其表面具有不同的宏观纹理构造,导致路面抗滑性能不足,造成刹车不稳等危险。

2. 施工工艺

不同的混合料路面类型具有不同的工艺参数,针对不同的路面类型,摊铺、压实机械类型及组合、压实方式、压实遍数及速度等工艺参数未严格通过铺筑试验段来选用。

【预控措施】

1. 路面材料

(1) 优选集料性能好的材料,修筑路面抗滑层是以集料的磨光值来选择岩石的种类。目前,常选择玄武岩、辉绿岩等磨光值较高的岩石所生产的碎石作为抗滑层的粗集料。优质的石灰岩也可作为沥青路面抗滑层,用石灰岩修筑路面抗滑层时,必须对其磨光值进行检测,合格后方可使用。

(2) 选择良好的抗滑表层结构及级配设计,良好的抗滑表层结构是形成路面抗滑能力的保证,集料的级配是形成路面构造深度即宏观构造的关键,抗滑层的类型及级配设计、混合料性能指标,可分别按照《公路沥青路面施工技术规范》(JTG F40—2004)中的相关要求进行。此外,在进行级配设计时,需要考虑集料自身特性(包括表面微观特征、物理力学性能和化学性能)及其对沥青混合料内部及表面构造特征的影响。

2. 施工工艺

不同的路面类型均须通过铺筑试验路段确定所需的压实机械类型(胶轮、钢轮)、吨位(轻型、重型)及组合方式、压实方式(静压、振动)、压实遍数及压实速度等工艺参数。

6.3.5 沥青路面不平整控制

【问题描述】

沥青混合料路面由于在行车荷载的反复作用下,沥青面层被二次碾压密实产生变形,行车在不平整的路面上将会产生冲击力,平整度下降,降低行车舒适性和安全性(图 6-18、图 6-19)。

图 6-18　沥青路面不平整

图 6-19　沥青混合料摊铺速度控制

【原因分析】

1. 摊铺机械及工艺水平欠缺

(1) 路面碾压时,碾压机械及速度、方式、工艺参数不当,压实机械及吨位、组合方式不当,摊铺层数不当,均会影响路面的平整度。

(2) 沥青混合料的拌和生产能力、运输能力与摊铺速度不匹配,施工现场摊铺机经常因断料而停顿,造成熨平板长时间停顿的断面产生不平整现象。

(3) 运输车在卸料时碰撞摊铺机,导致摊铺机振荡,造成路面不平整。运输车卸料时与摊铺机配合不熟练,造成大量材料洒落在摊铺机的行驶轨迹上,如未及时清理,将影响路面平整度。

(4) 摊铺机摊铺速度不均匀,忽快忽慢,或驾驶员随意改变摊铺机的速度,摊铺机瞬时速度变化会造成铺好的新路面粗糙度不均匀,势必造成路面平整度下降;碾压过程中的起步、换向、倒退等方式的不合理都会导致路面出现拥包、轮迹、推移等现象,造成路面出现不平整现象。

(5) 摊铺机采用钢丝绳或铝合金控制高程时,摊铺过程中滑靴杆掉落钢丝绳或铝合金导轨,在这一瞬间熨平板下沉,形成局部凹陷,虽经人工填补,但终究达不到要求的平整度。

(6) 沥青混合料的碾压温度低于设计规定值。

(7) 机械设备在未完全冷却的路面上进行停留、加油、加水等活动。

2. 路面接缝的施工质量欠佳

路面的接缝有纵横向缝,接缝处理不完善的话,会导致凹凸不平,接缝没有压实会产生裂缝。另外,对接缝技术的运用不当、相关要领控制不严将容易引起接缝处发生下沉或凸起,包括接缝压实度不够或者结合强度差等问题。

3. 基层及中下面层的平整度不足

基层平整度差,使面层的松铺厚度不等,经碾压后,路面产生不平整;摊铺机两侧履带过松导致摊铺速度产生脉动,使路面产生不平整现象。此外,摊铺时虽表面平整,但压缩量不均匀,产生高低不平,且不同结构层的平整度把控不严。

4. 桥头、涵洞两端及桥梁伸缩缝跳车所致

台背填土压实不到位;台背填料与台身刚度差别大,造成沉降不均匀;桥梁伸缩缝在选型和施工时处理不当,产生跳车现象。

【预控措施】

1. 摊铺机械及工艺水平欠缺

(1) 摊铺施工对路面平整度的影响包括摊铺机械的选择、摊铺基准的控制和操作三方面。应通过试铺,确定碾压机具、温度、速度、路线、碾压次数以及驱动轮的前后问题,严格控制碾压工艺。应选择与拌和机能力相匹配的摊铺机。

(2) 施工前,应详细计算拌和厂沥青混凝土拌和机的拌和生产能力、运输能力,确定摊铺速度,尽量确保拌和厂的拌和能力、运输能力与摊铺机摊铺能力相协调,并通过试验段进行验证,以减少发生施工现场摊铺机断料的停顿次数。如现场断料时间过长,应将摊铺机内剩余的混合料铺完,做好临时接头,留一条横向施工缝。

(3) 摊铺过程中运料车应在摊铺机前 30 cm 处停住,空挡等候,由摊铺机推动前进开始缓缓卸料,避免撞击摊铺机。在有条件时,运料车可将混合料卸入转运车经二次拌和后向摊铺机连续均匀地供料。运输车因卸料等原因洒落在地上的散料应派人及时清理,可以有效避免因两次履带处撒料而影响接地的标高与横坡不一致时出现

波浪,影响平整度。

(4) 摊铺机必须缓慢、均匀、连续不间断地摊铺,不得随意变换速度或中途停顿,以提高平整度,减少混合料的离析。摊铺机的起步速度宜控制在 2 m/min,待正常后以 3~5 m/min 速度向前均匀连续不断摊铺,对改性沥青混合料及 SMA 混合料宜控制在 3 m/min 之内,允许放慢到 1~2 m/min。

(5) 采用钢丝绳或铝合金控制标高时,应设责任心强的人看着找平仪的滑靴杆,避免滑靴杆掉落钢丝绳或铝合金。同时,操作手不能频繁调整找平仪电脑,仪器工作需要一个过程才能反映出来。

(6) 严格控制碾压温度,初压温度应根据沥青摊铺机熨平板的初始密度、混凝土等级、压路机型号等诸多因素通过试验段确定。不得在新铺筑的路面上进行停机、加水、加油活动,以防止各种油料、杂质污染路面。压路机不准停留在已完成但温度尚未冷却至自然气温以下的路面上。

2. 控制沥青路面接缝工艺

沥青路面的纵横向接缝处理应严格按照纵横缝的施工技术要求进行处置,合理确定搭接方式,并对接缝施工加强技术运用,从接缝处两端开始,保证接缝处和构造物之间的黏结紧密,控制好接缝处的施工质量。关于接缝,不管采取何种方式碾压,应随时用 3 m 直尺检查接缝平整度,在拥包处人工刮除,在低处用人工筛细料填补,且均应在接缝料温度较高时进行。

3. 控制好基层及中下面层的平整度

(1) 路基施工时,应严格按照现行《公路路基施工技术规范》(JTG/T 3610—2019)中的相关要求进行,并通过试验段来确定不同机具压实不同填料的最佳含水量、松铺厚度等工艺参数,来确保压实的平整度。沥青路面各结构层的平整度应严格控制,严格各工序间的交验制度。

(2) 严格控制基层的平整度,面层铺筑前采用 3 m 直尺对基层平整度进行检测,平整度差且大于 8 mm 的路段应进行整平。面层摊铺前认真清扫基层表面,确保基层表面整洁,没有松散浮料和杂质。

(3) 采用相同的摊铺机和相同的碾压工艺,摊铺不同类型的路面结构层,其各自的平整度不同。相同的厚度,开级配料由于其混合料松铺系数较密级配大,所以平整度不如密级配。在同一级配条件下,厚度小的结构层比厚度大的平整度好。

4. 桥头、涵洞两端及桥梁伸缩缝跳车

对路基加固,来消除桥台和台后填方段不同的沉降变形;铺设搭板;回填材料选择优质材料;提高台背回填的施工质量,加强台背回填的施工方法和机械管理。

6.4 沥青表面处置面层

6.4.1 沥青路面出现松散、坑槽及脱皮控制

【问题描述】

沥青路面面层结构由于沥青与集料的黏结力差、碾压不足，而发生松散剥落，产生坑槽，严重情况下导致脱皮现象发生，使得路面结构凹凸不平，加速面层以下的水损坏，车辆行驶通过这一路段时，司乘感到颠簸不适，造成车辆减速甚至安全隐患(图 6-20、图 6-21)。

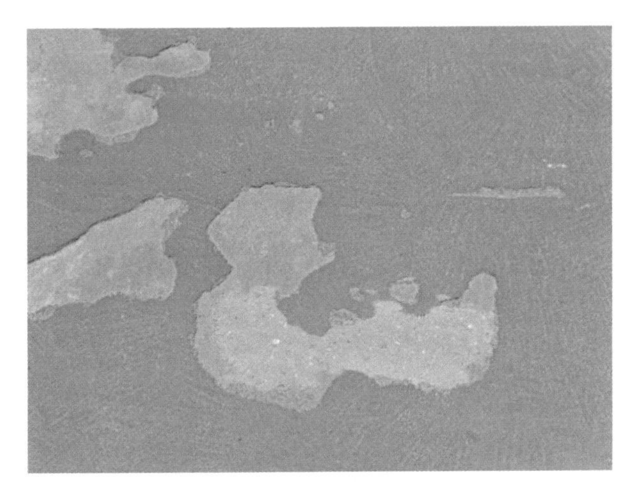

图 6-20 沥青路面出现松散、坑槽及脱皮

图 6-21 沥青混合料摊铺温度控制

【原因分析】

(1) 下层结构表面的泥土杂物过多，导致黏层与下层结构的黏结失效，易松散和

脱离下面结构层。

(2) 沥青质量不合格或采用的沥青指标不合理,导致沥青与集料的黏结力差,易产生松散现象。

(3) 集料杂质多,导致沥青与集料的黏结力差,易产生松散现象。

(4) 集料的级配设计不合理,空隙偏大,易松散。

(5) 黏层撒布后被施工车辆带走,局部失去黏接作用。

(6) 沥青混合料拌和时间不足,石料未充分裹覆沥青,沥青与集料黏结效果差。

(7) 压路机数量不足,造成碾压不及时。

(8) 施工气温低于 10 ℃时,摊铺温度低于施工技术规范中相应的要求,易引起压实温度不足,造成压实困难。

(9) 刚刚开放交通时有车辆高速行驶,导致未成型稳定的路面结构被破坏,造成局部剥落和松散。

【预控措施】

(1) 选用质量优良的高黏度改性沥青作为胶结料,提高沥青与集料之间的黏结力。

(2) 采用高黏度改性乳化沥青或者不粘轮改性乳化沥青作为层间黏结材料,提高铺装与底层之间的黏结力。

(3) 确保混合料配合比设计合理,严格控制混合料级配以及空隙率等,根据道路等级以及性质确定混合料类型以及最大粒径。

(4) 黏层施工结束后必须完全待破乳水分蒸干后方可允许施工车辆通行。

(5) 试拌确保沥青混合料拌和时间,保证石料充分被沥青裹覆。

(6) 确保气温在 15 ℃以上环境下施工,如果气温低于 10 ℃,须在混合料中添加温拌剂以扩大可碾压的温度区间,确保混合料出厂及到场温度不低于施工技术规范中温度。

(7) 在通车初期应设专人指挥交通或设置障碍物控制行车,限制行车速度不超过 20 km/h。

6.4.2 沥青路面出现裂缝控制

【问题描述】

沥青路面由于荷载、温度、施工质量或材料等因素产生裂缝,随着雨水和荷载的作用,裂缝位置易产生网裂、剥落、松散脱皮等现象,加速下面结构的水损坏,造成路面结构破坏(图 6-22、图 6-23)。

【原因分析】

(1) 在温度和荷载作用下,下层结构的裂缝逐渐反射到沥青面层,产生反射裂缝。

图 6-22　沥青路面出现裂缝

图 6-23　沥青路面碾压工艺质量控制

(2) 施工缝接缝不紧密,易产生裂缝。

(3) 碾压不充分,路面结构强度不足,易产生网裂。

(4) 沥青质量没有达到本地区施工气候要求或者没有达到相关技术标准,致使沥青混凝土面层温度收缩或温度疲劳应力大于沥青混凝土的抗拉强度,产生裂缝。

【预控措施】

(1) 对于原路面上较宽的裂缝应清理灌缝。

(2) 对施工缝严格按照相应技术规范和施工方案进行施工。

(3) 进行试验段施工,根据路面检测情况,确定碾压组合工艺和遍数。

(4) 在旧路面加罩沥青路面结构层前,可先铣刨原路面再加罩,或铺设土工布、玻纤网后再加罩,以延缓反射裂缝的形成;设置应力吸收层。

(5) 按照《公路沥青路面施工技术规范》(JTG F40—2004)中的相关要求,结合本地区的气候条件和道路等级选用符合要求的沥青种类，以减少或消除沥青面层的温缩裂缝。

6.5 路肩

6.5.1 路肩出现车辙控制

【问题描述】

在行车荷载重复作用下，路肩产生永久性变形，积累形成带状凹槽。车辙和推移降低了平整度，当车辙达到一定深度时，由于辙槽内积水，排水不畅，极易发生汽车飘滑而导致交通事故(图 6-24、图 6-25)。

图 6-24 路肩车辙

图 6-25 路肩施工质量控制

【原因分析】

(1) 基层施工质量差。因基层的厚度不足或基层材料、施工、养生不当导致基层整体强度不足,由于荷载作用超过路面各层的强度,使得路表变形过大而形成辙槽和推移。

(2) 面层高温稳定性差。在高温条件下,车轮碾压反复作用,荷载应力超过沥青混合料的稳定极限,使流动变形不断积累形成车辙和推移。

【预控措施】

(1) 对于连续长度不超过 30 m、辙槽深度小于 8 mm、行车有小摆动感觉的,可通过对路面烘烤、耙松、添加适当新料后压实即可。

(2) 当沥青面层磨损、横向推移时,应清除不稳定层,用铣刨机拉毛,重铺面层。

(3) 当基层或土基不稳定时,应先进行补强处理后,再修复面层。

(4) 对于因基层施工质量差引起的车辙、推移,在重新摊铺面层前应先行处理好软弱基层。

6.5.2 路肩表面凹凸不平控制

【问题描述】

路面形成波浪或者拥包现象(图 6-26、图 6-27)。

图 6-26 路肩表面凹凸不平

图 6-27 路肩施工质量控制后

【原因分析】

沥青撒布不均形成油垄,经过行车不断撞击而造成高低不平;面层较薄以及面层与基层的黏结较差,容易产生此现象。

【预控措施】

轻微的波浪可在热季采用强行压平的方法处置,严重的波浪则需用热拌沥青混合料填平。一般采取铲平的办法来处置拥包。

6.5.3 路肩沉陷、坍塌控制

【问题描述】

路肩边坡稳定性差以致路肩出现沉陷、坍塌,对行车造成安全隐患(图 6-28、图 6-29)。

图 6-28 路肩出现沉陷、坍塌

图 6-29 路肩碾压质量控制

【原因分析】

路肩碾压不到位或者填方宽度不够最后以松土贴坡,或者路基填方属砂性土或松散粒料,导致边坡稳定性差,结构强度不足。

【预控措施】

填方路堤应分层碾压,两侧应分别超宽 20～30 cm,最后路肩修整时施以削坡,不得有贴坡现象,路肩的密实度应达到轻型击实的 90%以上;路基填方如属砂性土或松散散料,其边坡应砌护坡或栽种草皮、灌木丛以保护或加大边坡坡度,一般应大于 1∶2;在路肩外侧,用块石或混凝土预制块铺砌护肩带,其最小宽度不小于 200 mm。铺条形草皮或全铺方块草皮进行边坡植被防护,也可采用片石、卵石或预制块铺砌在边坡表面,用以加固边坡。

6.6 路缘石与铺砌式面层

6.6.1 路缘石、铺砌式板块断裂控制

【问题描述】

水泥混凝土路缘石容易出现断裂、破损等病害;特别是部分公路的水泥混凝土路缘石在经受一两年的冬春冻融后,表皮出现不同程度的脱皮,发生早期破损,部分发生断裂(图 6-30、图 6-31)。

【原因分析】

1. 选取水泥品种不当

水泥混凝土路缘石的混凝土早期强度及冻融强度要求较高,宜采用 42.5R 早强水泥,如硅酸盐或普通硅酸盐水泥、道路水泥。通过调查发现,采用水泥预制的路缘

图 6-30　路缘石、铺砌式板块断裂

图 6-31　养护中的路缘石

石破损率明显低于使用粉煤灰水泥预制的路缘石。

2. 混凝土配比不合理

由于水泥混凝土路缘石体积小,为了预制方便,在施工过程中随意增加混凝土和易性,使砂率和水灰比过大,结果造成混凝土的收缩和徐变加大,在混凝土构件外部产生微小的裂缝,致使路缘石整体强度和下降。

3. 养生方法不当

由于路缘石预制数量较大,有些施工单位预制模型配置不足,也未采用蒸汽养生方法,在构件未达到一定强度之前便急于拆模,使路缘石容易出现破损。同时构件预制场地在保持构件温度和湿度,防暴晒、防风、防雨设施方面存在漏洞,也影响了路缘石的质量。另外,养生时直接使用井水和自来水喷淋构件,水温较低,而路缘石由于内部水化热产生的热量使路缘石温度较高,由于两者间温差较大,导致路缘石表面产生微裂缝。

【预控措施】

1. 选用正确的水泥

根据各种水泥的使用特性,应优选具有快硬、早强、抗冻性好、耐磨、不透水等优点的水泥。

2. 选择合适的骨料级配和骨料种类

为了获得密实、高强度的混凝土,并能节约水泥,要求粗、细集料组成的矿料具有良好的级配,而矿料的级配首先取决于粗集料的级配。粗集料的级配采用连续级配或间断级配均可,但是连续级配矿料混合料的优点是所配制的混凝土较为密实,具有优良的工作性,不易产生离析现象,是经常采用的级配。施工时应尽量采用级配较为连续的粗集料,这样新拌混凝土不易产生离析现象。骨料的选取应首选表面粗糙多棱角的碎石,颗粒形状接近正立方体者为最佳。

3. 采用正确的振捣方式与时间

路缘石的预制采用振捣平台振捣比较适宜,不具备条件而采用振捣棒时,应注意掌握恰当的振捣方式与时间,当混凝土不再有显著的沉落,不再出现大量的气泡,混凝土表面均匀、平整并已泛浆时即可。一般振捣 20～30 s 比较适宜。

4. 严格确保养生质量

在较湿润(湿度>60%)的条件下,覆盖洒水养生必须达到 7 d 以上,干燥条件下(湿度<60%),覆盖洒水养生必须达到 14 d 以上;蒸汽养生要注意控制加温速率(塑性混凝土每小时不宜超过 10 ℃,干硬性混凝土每小时不宜超过 30 ℃)和降温速率(每小时不宜超过 15 ℃)。各种养生条件下的全过程养生期限建议保证在 28 d 以上。

6.6.2 路缘石与路面之间的开裂控制

【问题描述】

路缘石使用过程中出现与路面开裂的现象(图 6-32、图 6-33)。

图 6-32 路缘石与路面出现开裂

图 6-33 路缘石施工质量控制中

【原因分析】

施工过程中,由于工人图方便或承包人为节省费用而用路肩土代替碎石和砂砾,或者直接用小石子混凝土和砂浆布满路缘石的下部,结果造成路面内排水不畅,引发路缘石与路面之间的开裂。

【预控措施】

为了保证渗入路面内的水及时排除,路缘石下应按设计垫铺碎石或砂砾,并与路肩下的排水盲沟连接,严格按设计进行施工,确保路缘石下的排水功能。

6.6.3 相邻块缝宽、高差不符合要求控制

【问题描述】

相邻缘石高差偏差较大、不够直顺、相邻缘石间距不均匀和前后错缝严重(图 6-34、图 6-35)。

图 6-34 相邻块缝宽、高差不符合要求

图 6-35　路缘石质量过程控制

【原因分析】

安装路缘石未严格按照施工要求砌筑。

【预控措施】

采用人工砌筑,在铺设水泥砂浆时,要保证灰浆饱满无空洞。安砌时必须挂线,特别是曲线段,应加密控制点,确保线条顺畅、标高准确。在施工过程中应随时检查路缘石的直顺度,并用水平尺检查相邻路缘石间的高差和砌缝宽度。

7 交通安全设施

7.1 交通标志

7.1.1 交通标志安装基础预埋件质量偏差控制

【问题描述】

（1）由于基础钢筋安装及地脚螺栓、法兰盘预埋时连接松动的原因，造成安装基础出现问题。

（2）由于地脚螺栓与法兰盘配合有问题，造成安装基础出现问题（图 7-1、图 7-2）。

图 7-1　交通标志安装基础出现问题

图 7-2　交通标志正确安装方法

【原因分析】

(1) 基础钢筋型号和规格不符合设计。

(2) 地脚螺栓及法兰盘不符合标准或在运输中被损坏。

(3) 地脚螺栓、法兰盘预埋固定不牢,混凝土未紧靠开挖面浇筑,冲击力过大造成移位。

【预控措施】

基础钢筋型号和规格应符合设计,将地脚螺栓和底座法兰盘配合后,与基础钢筋连接并固定牢固,要求地脚螺栓外露 80～100 mm,法兰盘应该预先用木棒抬升至基础顶面高程处并固定。

7.1.2 标志板安装时不符合设计要求控制

【问题描述】

(1) 标志板安装时离地距离出现误差(图 7-3、图 7-4)。

(2) 标志板安装时垂直度出现误差。

图 7-3 标志板安装时离地距离出现误差

图 7-4 标志板正确安装方法

【原因分析】

(1) 由于施工放样时产生偏差的原因,造成标志板安装时不符合设计要求。

(2) 由于材料制作时出现较大误差的原因,造成标志板安装时不符合设计要求。

(3) 由于施工人员未按要求进行操作的原因,造成标志板安装时不符合设计要求。

(4) 由于标志板与立柱悬臂等未连接牢固的原因,造成标志板安装时不符合设计要求。

【预控措施】

(1) 施工前应认真放样,并认真进行核查。

(2) 选取信誉较好的厂家制作相关配件。

(3) 严格要求施工人员按照要求进行操作。

(4) 标志板应与立柱悬臂等连接牢固,悬臂式标志下边缘距地高度应为设计值5.5 m,且标志板内缘距路肩距离应不小于25 cm,标志板角度应与交通流方向接近呈直角,路侧标志为了避免产生眩光,标志板应向后旋转约5°。

7.1.3 标志板下缘至路面净空高度不符合要求控制

【问题描述】

标志板下缘至路面净空高度按现行《公路工程质量检验评定标准》(JTG F80—2017)中的要求,超出规定0～100 mm的偏差(图7-5、图7-6)。

图7-5 标志板下缘至路面净空高度不符合要求

图 7-6 标志板下缘正确安装方法

【原因分析】

(1) 净空高度超出规定偏差的主要原因是测量放样基础高程与焊接的立柱尺寸错误。

(2) 由于设计图纸上的错误,施工单位、监理单位审阅不认真的原因,按图焊接立柱及构件和基础放样,导致净空高度超过允许误差。

(3) 由于标志板基础土方松软的原因,导致标志基础产生沉降或倾斜,造成标志板下缘至路面净空高度不符合要求。

(4) 由于横杆刚度不足的原因,造成标志板下缘至路面净空高度不符合要求。

(5) 由于板面安装高度控制不当的原因,造成标志板下缘至路面净空高度不符合要求。

【预控措施】

(1) 认真审核图纸,计算好基础高程和焊接立柱各部件的几何尺寸。

(2) 对净空的概念要理解后再下料、放样,清除路面横坡对净空理解的错误。

(3) 认真审核施工图纸,经施工单位放样,监理抽查无误后再行施工及焊接下料,避免因图纸错误而照图施工所致偏差超限。

(4) 基础混凝土浇筑前应对土基认真夯实,防止标志沉降或倾斜。

(5) 横杆有足够的刚度。

(6) 严格控制板面安装高度。

7.2 交通标线

7.2.1 标线画线后易受污染控制

【问题描述】

(1) 画线后在涂料未干前受尘埃污染(图 7-7、图 7-8)。

(2) 车辆油污、车轮胎制动致黑。

(3) 沥青泛油,致使标线受污变脏、变黑。

图 7-7 标线画线后受污染

图 7-8 标线画线正确方法

【原因分析】

(1) 由于不良天气,如大风、干燥扬尘天气的原因,造成标线画线后易受污染。

(2) 由于车辆污染,未做交通控制的原因,造成标线画线后易受污染。

(3) 由于路面病害的原因,造成标线画线后易受污染。

【预控措施】

(1) 雨天、尘埃大、风大时停止施工。

(2) 采用符合标准的涂料,在涂料未干透凝结之前,控制交通。

(3) 路面施工中控制油石比(沥青和矿料的质量比),做好质量控制,避免沥青路面泛油。

7.2.2 标线起皮、剥落、开裂控制

【问题描述】

(1) 标线起皮、剥落、开裂或大面积损坏(图 7-9、图 7-10)。

(2) 标线开裂(寒冷裂纹、老化裂纹、路面裂纹)。

图 7-9 标线起皮、开裂、剥落

图 7-10 标线正常状态

【原因分析】

(1) 由于夏季高温引起起皮,清扫不干净,路面潮湿,气温或涂料温度过低,喷涂剂处理不好等原因,造成标线起皮、剥落、开裂。

(2) 由于路面温度太低或在冬季使用了夏用品,涂料质量次,路面开裂等原因,造成标线起皮、剥落、开裂。

【预控措施】

(1) 避免夏季中午高温施工,扫净路面,路面应干燥,控制施工温度,下涂充分,保证质量。

(2) 采用与环境、气候条件相适应的涂料,路面施工中采取避免开裂的措施。

(3) 材料应耐久、耐磨耗、耐腐蚀,与路面黏结力强,并具有良好的辨别性和防滑性。

7.2.3 路面标线有毛边控制

【问题描述】

标线两个侧面不光滑,有毛边现象(图 7-11、图 7-12)。

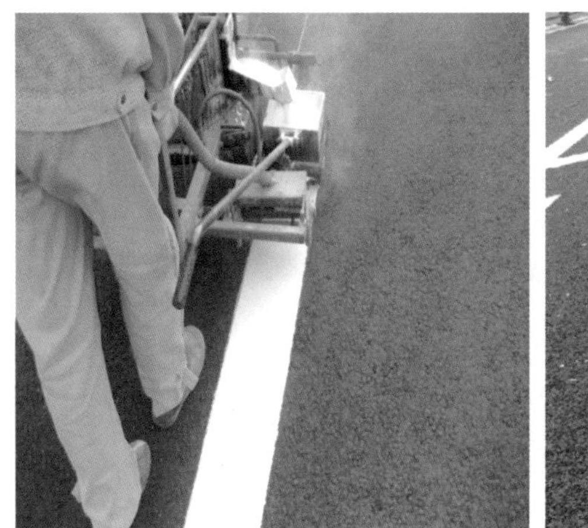

图 7-11 路面标线有毛边

图 7-12 路面标线正常状态

【原因分析】

(1) 由于施工设备缺陷,操作不规范的原因,造成路面标线有毛边。

(2) 由于热熔涂料加热温度不符合要求的原因,造成路面标线有毛边。

【预控措施】

(1) 施工前认真调试设备,保证设备性能良好。

(2) 严格控制热熔涂料加热温度。

7.3 道路护栏(波形钢梁、混凝土、缆索)

7.3.1 钢护栏立柱安装偏斜控制

【问题描述】

钢护栏的立柱安装时发生偏斜(图 7-13、图 7-14)。

图 7-13 钢护栏的立柱安装时发生偏斜

图 7-14 钢护栏立柱的正确安装方法

【原因分析】

(1) 由于施工前放样错误的原因,造成钢护栏立柱安装偏斜。

(2) 由于施工人员操作出错的原因,造成钢护栏立柱安装偏斜。

(3) 由于立柱埋土深度不足,产生偏斜,造成钢护栏立柱安装偏斜。

【预控措施】

(1) 应根据设计文件进行立柱放样,包括过渡段及渐变段的护栏立柱,并以桥梁、通道、涵洞、隧道、中央分隔带开口、互通式立体交叉等控制立柱的位置,进行测距定位。

(2) 提前调查以避免构造物顶部埋土深度不足的情况。

7.3.2 混凝土护栏预埋件偏位控制

【问题描述】

混凝土块件之间错位,轴线横向偏移,不顺直(图 7-15、图 7-16)。

图 7-15 混凝土块件之间错位

图 7-16 混凝土护栏正确做法

【原因分析】

(1) 由于施工前放样错误的原因,造成混凝土护栏预埋件偏位。

(2) 由于施工人员操作出错的原因,造成混凝土护栏预埋件偏位。

【预控措施】

(1) 施工前应认真放样,并认真进行核查。应根据设计文件的要求确定各点位置。

(2) 混凝土护栏的基础处理、地基承载力等均应达到设计规范或设计文件的规定值。防止因基础变形导致预埋件偏位。

7.3.3 缆索护栏立柱间距控制不当控制

【问题描述】

立柱间距控制不当,导致端部立柱、中间端部立柱、中间立柱的设置位置存在误差(图 7-17、图 7-18)。

【原因分析】

(1) 由于施工前未做好测量放样工作的原因,造成缆索护栏立柱间距控制不当。

(2) 由于未根据设计文件和现场桥梁、涵洞、通道、路线交叉、隧道等的分布确定控制立柱位置的原因,造成缆索护栏立柱间距控制不当。

图 7-17　立柱间距控制不当

图 7-18　立柱间距正确做法

(3) 由于未测定控制立柱之间间距的原因,造成缆索护栏立柱间距控制不当。

【预控措施】

(1) 施工前应认真放样,并认真进行核查。

(2) 应根据设计文件和现场桥梁、涵洞、通道、路线交叉、隧道等的分布确定控制立柱的位置,并测定控制立柱之间的间距,据此调整端部立柱、中间端部立柱、中间立柱的设置位置。

7.4 路标(突起、轮廓)

7.4.1 突起路标位置有误控制

【问题描述】

突起路标未正确安装在标线上(图 7-19、图 7-20)。

图 7-19 突起路标安装位置有误

图 7-20 突起路标正确安装位置

【原因分析】

(1) 由于施工前测量放样误差的原因,造成突起路标位置有误。

(2) 由于施工人员施工误差的原因,造成突起路标位置有误。

【预控措施】

(1) 施工前应认真放样,并认真进行核查。根据设计文件的要求确定突起路标的设置位置。突起路标的施工放样工作,一般要沿着标线来定位,反射体要面向行车方向。

(2) 严格按照规范要求进行施工。

7.4.2 突起路标安装位置不平整、不清洁控制

【问题描述】

(1) 突起路标安装位置不平整会导致的直接后果就是突起路标受力不均匀,突起路标所承受的压力几乎全集中在凸起和下凹的部分,如果遇到大吨位的车辆,突起路标很容易破裂(图 7-21、图 7-22)。

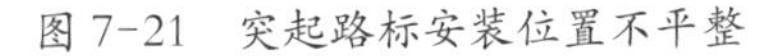

图 7-21 突起路标安装位置不平整

图 7-22 突起路标正确安装位置

(2) 突起路标的牢固程度有赖于突起路标、胶水和地面的紧密结合。如果安装位置不清洁,其间的灰尘会吸附胶水的大部分黏结力,导致突起路标黏结不牢,在遭受外力冲击时,很容易脱落。

【原因分析】

(1) 施工人员盲目施工,造成突起路标安装位置不平整、不清洁。

(2) 由于未完全平整、清洁场地就进行施工,造成突起路标安装位置不平整、不清洁。

【预控措施】

(1) 在大多数情况下,突起路标作为交通标线的补充,与涂料标线同时使用。标线大多采用机械施工,行进速度较快,而突起路标要逐个粘贴,速度慢。因此,突起路标施工时不能影响标线施工,最好在标线施工完成后再粘贴突起路标。这样可免除

标线施工对突起路标的污染,标线施工完成后,突起路标的施工放样才可顺利进行。

(2) 涂料或突起路标与路面结合牢固的重要条件是保持与路面接触面的干净、干燥。路面上的灰尘、泥沙、水分是妨碍涂料或突起路标黏结的主要因素,可根据不同情况采用扫帚、板刷和燃气燃烧器等工具彻底清除。

7.4.3 轮廓路标安装角度不正确控制

【问题描述】

轮廓路标安装角度、位置不正确,型号尺寸与设计文件要求不一致,左右设置不对称,间距大小不一(图 7-23、图 7-24)。

图 7-23 轮廓路标安装角度不正确

图 7-24 轮廓路标正确安装位置方法

【原因分析】

(1) 由于施工前放样出现偏差的原因,造成轮廓路标安装角度不正确。

(2) 由于未认真按图施工、马虎行事等原因,造成轮廓路标安装角度不正确。

【预控措施】

(1) 施工前应认真放样,并认真进行核查。应根据设计文件的要求确定各点位置。

(2) 认真按图施工,达不到标准要求应返工重做。

7.5 防眩设施

7.5.1 防眩板倾斜、沉降控制

【问题描述】

防眩板未达到施工条件强行施工,导致防眩板发生倾斜、沉降(图 7-25、图 7-26)。

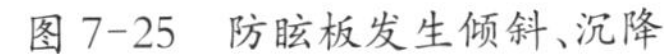

图 7-25 防眩板发生倾斜、沉降

图 7-26 防眩板正确安装方法

【原因分析】

(1) 由于预制护栏安装不到位或现浇混凝土护栏的混凝土强度未达到设计强度的 80%以上就进行施工的原因,造成防眩板发生倾斜、沉降。

(2) 由于上道工序不符合相应规定的原因,造成防眩板发生倾斜、沉降。

【预控措施】

施工前,首先要对防眩板、防眩网的设置条件进行检查,包括上道工序中的桥梁护栏是否已经安装到位并完成了工序验收,涉及的现浇混凝土是否强度达到要求,上道工序不符合相应规定的不能安装防眩设施。

7.5.2 防眩板线形问题控制

【问题描述】

防眩板线形不平顺(图 7-27、图 7-28)。

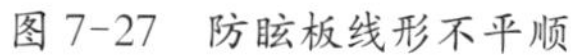

图 7-27 防眩板线形不平顺

图 7-28 防眩板正确安装方法

【原因分析】

(1) 由于施工人员未认真施工的原因,造成防眩板线形不平顺。

(2) 由于支架不稳定,造成防眩板扭曲、倾倒而引起变形,发生突变的原因,造成防眩板线形不平顺。

【预控措施】

(1) 安装支架时,应认真放样,确保线形平顺。

(2) 在安装防眩板前,应严格检查支架的强度,发现不合格应立即更换。

(3) 防眩设施高度、结构形式和设置位置变化时,应按设计要求设置过渡段。

7.5.3 防眩板倾斜,高低不平控制

【问题描述】

(1) 防眩板基础悬空、下沉。

(2) 防眩设施高低不平(图 7-29、图 7-30)。

图 7-29 防眩板倾斜,高低不平

图 7-30 防眩板正确安装方法

【原因分析】

(1) 由于放线误差大或不正确、高程控制不准的原因,造成防眩板基础悬空、下沉。

(2) 由于未做好地基处理工作的原因,造成防眩板基础悬空、下沉。

(3) 由于施工人员不认真施工的原因,造成防眩板高低不平。

【预控措施】

(1) 施工前应认真放样,并认真进行核查。应根据设计文件的要求确定各点位置。

(2) 按照规范要求进行地基处理工作。

(3) 基础挖坑大小适宜。

(4) 按照规范进行施工。

7.6 隔离栅、隔离墩

7.6.1 隔离栅立柱垂直度差控制

【问题描述】

隔离栅立柱垂直度达不到要求(图 7-31、图 7-32)。

图 7-31 隔离栅立柱垂直度差

图 7-32 隔离栅立柱正确垂直度

【原因分析】

(1) 由于隔离栅土基松软、水泥混凝土基础强度低、尺寸不符合要求的原因,造成隔离栅倾斜。

(2) 由于斜撑缺失的原因,造成隔离栅立柱垂直度达不到要求。

(3) 由于施工粗糙,施工人员不认真施工的原因,造成隔离栅立柱垂直度达不到要求。

【预控措施】

(1) 基础水泥混凝土施工前,应认真夯实土基;基础断面尺寸、混凝土强度符合要求。

(2) 安装立柱时,应检查立柱的垂直度并及时进行调整,符合要求后再浇筑混凝土基础。

(3) 按设计要求设置斜撑。隔离栅安装完成后,应认真检查立柱竖直度。

7.6.2 隔离网变形严重控制

【问题描述】

隔离网发生翘曲变形,平整度差(图 7-33、图 7-34)。

图 7-33 隔离网发生翘曲变形

图 7-34 隔离网正确形状

【原因分析】

(1) 由于运输和存放不善的原因,造成隔离网发生翘曲变形,平整度差。

(2) 由于施工不当,立柱垂不垂直的原因,造成网片发生翘曲变形。

【预控措施】

(1) 应加强对隔离网存放保管的管理。

(2) 在埋设立柱时,应对每根立柱进行逐根检查,确保立柱垂直度。

7.6.3 隔离墩歪斜控制

【问题描述】

隔离墩歪斜,高低犬牙交错,网面不平、不顺直(图 7-35、图 7-36)。

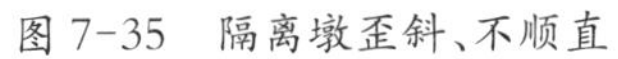

图 7-35 隔离墩歪斜、不顺直

图 7-36 隔离墩正确安装方法

【原因分析】

(1) 由于施工前放样存在误差的原因,造成立柱歪斜,高低交错,网面不平,不顺直。

(2) 由于埋设不竖直,地形有起伏,立柱埋设未在一条线上的原因,造成立柱歪斜。

(3) 由于施工人员未认真施工的原因,造成立柱歪斜。

【预控措施】

(1) 施工前应认真放样,并认真进行核查。应根据设计文件的要求确定各点位置。

(2) 在地形有起伏的地段,可将地面整修成一定坡度后,按顺坡设置或按阶梯形设置。

(3) 按照规范进行施工。

7.7 防落物网

7.7.1 防落物网质量不合格控制

【问题描述】

防落物网所用的金属材料不符合《隔离栅》(GB/T 26941—2021)的规定(图 7-37、图 7-38)。

图 7-37 防落物网产品质量不合格

图 7-38 防落物网合格产品

【原因分析】

由于使用材料质量不合格的原因,造成防落物网产品质量不合格。

【预控措施】

(1) 防落物网所用的金属材料应符合《隔离栅》(GB/T 26941—2011)的规定。

(2) 所有钢构件均应进行防腐处理。除设计文件另行规定外,防腐处理均应满足《公路交通工程钢构件防腐技术条件》(GB/T 18226—2015)的规定。螺栓、螺母等紧固件和连接件在防腐处理后,应清理螺纹或进行离心分离处理。

7.7.2 防落物网立柱预埋基础位置错误控制

【问题描述】

立柱预埋基础位置有误,安装立柱位置有误(图 7-39、图 7-40)。

图 7-39 防落物网立柱预埋基础位置有误

图 7-40 防落物网立柱正确做法

【原因分析】

(1) 由于施工前测量放样有误的原因,造成立柱预埋基础位置有误,安装立柱位置有误。

(2) 由于施工人员施工误差的原因,造成立柱预埋基础位置有误,安装立柱位置有误。

【预控措施】

(1) 施工前应认真放样,并认真进行核查。应根据设计文件的要求确定各点位置。

(2) 认真按图施工,不达到标准要求应返工重做。

8 环保工程(声屏障)

8.1 立柱晃动控制

【关键问题描述】

声屏障是由一块块吸隔声屏单元板插入 H 型钢翼缘内组合而成，因此钢立柱是承载屏障抗风压性的重要受力构件。钢立柱支撑件目前普遍采用 H 型钢立柱与法兰底板的工厂化焊接制作后运至现场安装，立柱安装时通过法兰底板和基础预埋螺栓进行栓接固定后再进行屏体插装成屏障，在通车运营或大风大雨环境下，发现声屏障有前后晃动情况，如不及时处理，除了对行驶车辆易产生擦碰等交通安全隐患外，久而久之还可能发生结构失效屏体倒塌现象。

【问题原因分析】

(1) 声屏障基础在实际施工过程中，由于混凝土挡墙横坡或者预埋件埋设不平整导致后期声屏障钢立柱安装时，为了保证立柱垂直度或垫实立柱底板与支撑面间隙需采用薄垫片进行调整，当立柱底板与支撑面间隙较大时，经常会采用数量较多的薄垫片叠加调节，如不压紧并封闭处理，在风压作用或振动环境下，垫片易松动脱落导致立柱底板与支撑面踏空进而导致立柱失稳松动。

(2) 立柱通过法兰底板和预埋螺栓进行连接固定的，在施工过程中柱脚螺母未拧紧到位或未采取防松措施导致螺母松脱进而引起立柱松动。

(3) 对于既有基础件上的屏障加装项目，因无预埋螺栓而需进行化学锚栓后锚固措施，若在风载荷方向上化学锚栓植筋间距过小且未满足设计要求，在屏体成屏障后因受风压作用也会使屏障(钢立柱)发生晃动。

【预控措施】

(1) 垫片不宜超过 5 块，厚的垫铁应放置在最下层，薄的放置在最上层。

(2) 垫片宜采用 U 形垫片，并经镀锌处理，以防止锈蚀。

(3) 立柱紧固完成后柱脚应采用耐候结构密封胶进行密封；当柱脚间隙过大时，应采用环氧树脂砂浆进行填充。

(4) 与钢立柱法兰底边连接的柱脚螺栓螺母应紧固到位，并应采用双螺母紧固防松，对于预埋螺栓较短的情况只能采用单螺母时，应采用防松螺母或防松动垫圈进行防松处理。

(5) 对于采用化学螺栓种植方式，应对螺栓种植间距、钻孔深度进行检测，安装完成后根据设计及相关规范要求进行抗拉拔试验;如遇种植螺栓间距或深度无法满足设计要求时,应及时与设计单位联系确认。

8.2 屏体晃动及端部外露控制

【关键问题描述】

常规声屏障的连接方式中较为普遍的是屏体单元板通过支撑件(如弹簧卡)与立柱连接,在运行过程中存在屏体单元板与立柱不紧贴或者屏体一端滑出 H 型钢导致屏体晃动及端部外露,如屏体坠落,则易对行车或行人造成危害。

【问题原因分析】

(1) 支撑件(如弹簧卡)变形、缺失,造成屏体无法紧固,在车致荷载及风荷载作用下造成屏体晃动。

(2) 支撑件(如弹簧卡)通过螺栓或铆钉连接,螺栓或铆钉缺失,容易造成支撑件的转动,导致屏体脱离。

(3) 屏体搭接量不够导致屏体端部脱落。

【预控措施】

(1) 屏体支撑用弹簧卡应处于受压状态进行安装,卡件的宽度不应小于 25 mm,并应保证屏体在极端情况下位移后,卡件与立柱翼缘的结合宽度不应小于卡件宽度的 70%。

(2) 支撑件(如弹簧卡)应采用不锈钢螺栓或不锈钢铆钉与屏体固定,每处固定铆钉或螺栓不少于 2 套。

(3) 屏体与立柱翼缘应有足够的搭接长度,极限状态下即屏体一端无法移动时,另一端在立柱内与立柱翼缘的搭接长度不应小于 25 mm;伸缩缝处 H 型钢翼缘应进行加宽,宽度应满足设计要求。

(4) 坠落装置采用不锈钢钢丝绳时,屏体两侧应分别有直径不小于 4 mm 的不锈钢钢丝绳和配套构件与立柱相连。防坠落钢丝绳应有一定余量,保证屏体受到冲击时能起到缓冲作用。

8.3 声屏障漏声控制

【关键问题描述】

声屏障是从传播途径上阻挡噪声传播的有效技术手段,目前已被普遍应用于国内交通噪声控制工程中。在实际施工中,声屏障在不同程度上存在缝隙,如底部的安装缝、屏体单元板间缝隙、基础预制拼装结构产生的缝隙等,影响声屏障降噪效果。

【问题原因分析】

(1) 屏体底部安装缝隙:下封板未能按照安装完成后进行放样制作,导致下封板与防撞墙之间存在尺寸偏差;防撞墙施工时线形存在施工误差或道路线形变截面也易导致下封板与防撞墙之间存在间隙。

(2) 屏体与屏体之间间隙未能进行有效密封处理。

【预控措施】

(1) 在设计阶段及图纸会审阶段需对密封处理提出有效的方案。

(2) 对下封板应进行试样,确定效果后再进行批量加工。

(3) 由于防撞墙基础线形误差较大或道路变截面情况产生下封板与基础面存在缝隙时,经设计单位同意,可以通过屏体底部增加 U 形卡槽等措施进行密封处理。

(4) 屏体与底梁、屏体与屏体间、屏体与 H 型钢翼缘连接处密封处理应按设计要求进行处理;设计无要求时,应采用橡胶垫进行柔性连接,橡胶垫应压贴紧密、固定牢固可靠。屏体安装完成后屏体与屏体间不应有透光现象出现。

9 机电设施

9.1 监控设施

9.1.1 车辆检测器(双线圈)数据异常控制

【问题描述】

采集的车速、流量等数据与实际数据之间偏差较大。

【原因分析】

(1) 线圈选址不当(线圈范围内钢筋或钢结构密度过高)或圈数不足,导致线圈的磁通量变化不在车检器的灵敏度范围内。

(2) 前后两个相邻线圈的间距有偏差。

(3) 车道间相邻线圈之间宽度有偏差。

【预控措施】

(1) 线圈选址应避开钢结构或钢筋密布位置,一般施工过程中线圈宜保持在3～6圈之间,线圈引线绞合密度需符合设计要求。

(2) 前线圈和后线圈的中心距离需符合设计要求。

(3) 相邻车道间两组线圈之间距离需符合设计要求。

9.1.2 视频监视系统异常控制

【问题描述】

(1) 视频监视系统图像卡顿。

(2) 视频监视系统的图像模糊、抖动、图像有重影。

(3) 图像没有显示或显示为无图像,图像缺失。

(4) 历史录像无法查询或查询的日期不在存储的录像时间段内。

【原因分析】

(1) 系统所选用的网络带宽不够或摄像机视频码流参数设置不当。

(2) 摄像机镜头调整后未锁定,或由于震动等原因致锁定螺丝松动。

(3) 摄像机通信网络中断或供电故障。

(4) 系统采用的视频存储容量不够或视频存储码流或视频压缩格式设置不当。

【预控措施】

(1) 在选择视频网络带宽时,选用合适的视频网络设备,或适当降低视频码流。

(2) 确保摄像头镜头固定牢靠,摄像机安装选址避开震动源。

(3) 确保摄像机网线通信、电源供电正常以及接插件连接牢固。

(4) 视频码流或视频压缩格式与存储容量配置时严格按照设计要求。

9.1.3 可变标志显示异常控制

【问题描述】

(1) 可变标志显示区域出现乱码(花屏),个别区域没有显示。

(2) 整个可变标志黑屏。

(3) 显示的文字或图形过大或者过小,异常分屏。

【原因分析】

(1) 可变标志显示模组故障。

(2) 可变标志的供电或通信异常中断。

(3) 可变标志发布内容与屏幕板型不匹配。

【预控措施】

(1) 在可变标志运行前,需完成满屏测试,确保设备正常运行。

(2) 确保电源供电、网路通信正常以及设备接插件牢固。

(3) 在可变标志运行前,需完成可变标志软件在各种工况场景下的测试,确保发布内容和屏幕版型匹配正常。

9.1.4 道路视频交通事件检测系统控制

【问题描述】

道路视频交通事件检测系统不工作或事件检测误报较多。

【原因分析】

(1) 系统视频源丢失或电源故障。

(2) 检测环境干扰因素多或视频图像质量问题。

【预控措施】

(1) 确保视频链路的通信可靠稳定。

(2) 确保视频源质量符合道路视频交通事件检测系统要求,调整检测器的参数符合道路视频交通事件检测系统要求。

9.1.5 监控(分)中心计算机系统异常控制

【问题描述】

软件异常报错、响应速度慢或死机。

【原因分析】

(1) 服务器、交换机等硬件故障或软件程序缺陷。

(2) 网络 IP 地址配置冲突。

(3) 以太网交换机环接、网络风暴或病毒入侵。

【预控措施】

(1) 系统宜采用冗余配置,优化软件性能。

(2) 按照 IP 规划,合理分配 IP 地址,预留调试 IP 地址。

(3) 正确配置交换机,设备间连接按照网络拓扑图,安装防火墙、防病毒软件。

9.2 通信设施

9.2.1 通信管道阻塞控制

【问题描述】

光电缆敷设无法正常通过。

【原因分析】

(1) 通信管道扭绞、受压。

(2) 通信管道接头脱落。

【预控措施】

(1) 在敷设管道时应顺直后埋地,避免扭曲现象发生,垫层按规范进行处理,管道埋深符合规范要求,回填时要用细砂或细土回填,避免用石块或混凝土块回填。

(2) 选用相匹配的接头并按照《通信管道工程施及验收规范》(GB 50374—2018)中相应的要求进行操作。

9.2.2 通信光缆线路衰减过大控制

【问题描述】

光路没有信号或信号较弱。

【原因分析】

(1) 光缆受压、扭绞或弯曲半径过小。

(2) 光缆接续的熔接损耗过大或断点过多。

(3) 通信光缆尾纤头污损、法兰头不匹配、单模多模混用。

【预控措施】

(1) 光缆弯曲管道的曲率半径不应小于 10 m,且同一段管道不应有反向弯曲(即"S"形弯)或弯曲部分的转向角度大于 100°的弯管道(即"U"形弯),按照《通信管道工程施及验收规范》(GB 50374—2018)中相关要求进行铺设。

(2) 光缆敷设前按照实际的路径合理配盘,减少断点。

(3) 根据设备需要选择相应的法兰和尾纤,线路连接稳固。

9.3 收费设施

9.3.1 收费车道(MTC/ETC)设备异常控制

【问题描述】

(1) 读卡器无法正常读写。

(2) 工控机蓝屏或死机。

(3) 车道机无法正常控制外部设备。

(4) 栏杆机无法正常抬杆或落杆。

(5) 费额显示屏不正常显示(花屏、无显示)。

(6) ETC 天线故障(无法正常交易)。

【原因分析】

(1) 读卡器电源故障、固件版本未升级、通信线松动。

(2) 工控机主板故障或电源故障。

(3) 车道机主控板故障或接线端子松动。

(4) 栏杆机电源、机械或控制器故障。

(5) 费额显示屏电源故障、显示模组故障,通信线松动。

【预控措施】

(1) 读卡器的电源、通信线固定牢固,固件版本及时升级。

(2) 工控机的板卡固定牢靠。

(3) 车道机的主控板固定牢靠,接线时防止线头落到主控板上。

(4) 栏杆机的接线端子固定牢靠,机械部分保持润滑。

(5) 费额显示屏运行前进行满屏测试,确保接线端子无松动情况。

9.3.2 ETC 门架异常控制

【问题描述】

(1) ETC 门架的天线故障,无法正常交易。

(2) 抓拍系统未正常运行。

(3) 路侧的户外机柜故障。

【原因分析】

(1) ETC 天线角度变化、电缆(电源、信号)接头松动。

(2) 高清卡口角度、高度、对焦或地感线圈未正确调试。

(3) 路侧的户外机柜电源、空调等设备故障。

【预控措施】

(1) ETC天线安装时固定牢靠,避免出现松动情况,避免天线接插件的接头松动。

(2) 摄像机安装应按照《民用闭路监视电视系统工程技术规范》(GB 50198—2011)中要求:室外安装高度不低于3.5 m,镜头应从光源方向对准监视目标,宜具备自动光圈、自动变焦等功能。

(3) 户外机箱通电前检查内部接线无松动,对线缆进出口进行封堵,通电后检查箱内各设备运行正常。

9.3.3 收费(分)中心计算机系统异常控制

【问题描述】

(1) 收费、通信、相关报表等软件启动异常。

(2) 服务器、工作站、系统存储设备故障。

【原因分析】

(1) 收费、通信、相关报表软件启动异常。

(2) 服务器、工作站、系统存储的电源供电、通信网络发生故障。

【预控措施】

(1) 电源稳定、通信网络稳固良好。

(2) 机房温湿度环境按照《公路工程质量检验评定标准》(JTG F80/1—2017)中要求:温度保持在18~28 ℃,湿度保持在(30%~70%)R.H。

9.3.4 超限检测系统异常控制

【问题描述】

(1) 称重系统未正常运行。

(2) 抓拍系统未正常运行。

(3) 软件系统联动匹配出现异常。

【原因分析】

(1) 称台地基不均匀沉降或车辆超载压坏传感器。

(2) 详见9.3.2节"ETC门架异常"原因分析。

(3) 系统网络、通信线路故障,软件或服务未完全正常运行。

【预控措施】

(1) 防止称台周围水土流失。

(2) 详见9.3.2节"ETC门架异常"预控措施。

(3) 确保通信线路正常工作;按照步骤启动软件或服务,并及时更新、升级软件版本。

9.4 照明设施

9.4.1 照度分布不均匀控制

【问题描述】

照明设施照度分布不均匀。

【原因分析】

(1) 灯具倾斜角度不一致导致照度分布不均匀。

(2) 现场灯具未依照设计要求正确安装。

【预控措施】

(1) 灯具安装时根据灯具形状和安装要求,固定好灯具。

(2) 依照图纸正确安装灯具。

9.4.2 照明异常控制

【问题描述】

灯具未亮或灯具有闪烁现象。

【原因分析】

(1) 电源供电故障或灯源故障。

(2) 调光系统未正常工作。

【预控措施】

(1) 灯具接线稳固牢靠、供电正常。

(2) 调光系统正确调试。

9.4.3 照明系统无法正常开关控制

【问题描述】

照明设施无法正常控制。

【原因分析】

(1) 照明控制器故障。

(2) 照明控制回路供电发生故障。

【预控措施】

(1) 防止照明控制器接插件松动,避免虚连接。

(2) 保证照明控制回路电源供电正常。

9.5 隧道机电设施

9.5.1 通风系统异常控制

【问题描述】

(1) 风机转动方向与控制命令要求相反。

(2) 风机启动后发生过载、软启动器故障。

(3) 风机启动后有异响。

(4) 风机无法启动。

【原因分析】

(1) 风机供电电缆接线相序有误。

(2) 风机软启动器、热继保护器参数整定值有误;短时间内启停次数超过限值,非法中断软启动器启动过程。

(3) 风机本体执行机构故障、风机外壳受损或风机启动后叶轮与外壳接触。

(4) 风机控制柜内接线松动、电源缺失。

【预控措施】

(1) 确保正确连接风机供电电缆相序,并进行测试。

(2) 合理设置风机软启动器、热继保护器参数整定值,参照产品使用手册设定启停参数,避免频繁启动。

(3) 风机安装前手动旋转叶轮确保叶片运转顺畅、转动无异响。

(4) 确保风机控制柜中控制线缆连接准确、牢固;确保供电正常。

9.5.2 排水系统异常控制

【问题描述】

(1) 水泵转动方向与控制命令要求相反。

(2) 水泵启动后发生过载、软启动器故障。

(3) 水泵启动后有异响。

(4) 液位计显示液位与实际液位不符。

(5) 水泵无法自动启动。

【原因分析】

(1) 水泵供电电缆接线相序有误。

(2) 未合理设置水泵软启动器、热继保护器参数整定值,未参照产品使用手册设定启停参数,频繁启动。

(3) 水泵本体执行机构故障、水泵与管道强行对口连接、管道上闸阀未开启、管道上止回阀安装方向相反。

(4) 液位计(模拟量)安装位置偏移、未校准导致液位偏差;干簧管液位计(开关量)浮球升降受阻导致信号有误。

(5) 水泵控制器故障、控制程序缺陷。

【预控措施】

(1) 正确连接水泵供电电缆相序,并进行测试。

(2) 对水泵软启动器、热继保护器参数整定值进行调优,参照产品使用手册设定启停参数。

(3) 水泵安装前手动旋转叶轮确保叶片运转顺畅、无异响,根据设计要求正确安装各阀门。

(4) 确保液位计显示液位与实际液位保持一致,清除水质垃圾、手动测试干簧管浮球。

(5) 防止照明控制器接插件松动,避免虚连接,优化软件性能。

9.5.3 消防水系统异常控制

【问题描述】

(1) 打开消火栓阀门无水。

(2) 阀组连接处有渗漏。

(3) 电磁阀不动作。

(4) 雨淋阀关闭不严、有渗漏、不复位。

(5) 压力表压力不显示。

【原因分析】

(1) 消火栓系统水压不足,进水阀门关闭或区段阀门关闭,消火栓泵未正常启动。

(2) 阀组连接件松动,连接处密封件损坏或螺纹连接处松动。

(3) 电源接线接触不良,启动电压低,线圈烧毁或短路。

(4) 前置阀门(主阀、电磁阀、手动球阀等)处于开启状态或关闭不严,雨淋阀阀座与隔膜之间有异物或隔膜被异物损伤。

(5) 压力表出现故障,取压口阻塞。

【预控措施】

(1) 确保消火栓系统进出水压力符合设计要求,水阀门打开,消火栓出水情况良好。

(2) 拧紧阀组连接件,更换密封件或螺纹件,拆下重新上密封胶。

(3) 压紧电磁阀电源接线,确保启动线路及电源正常或者更换线圈。

(4) 关闭主阀、电磁阀及紧急手动球阀,开启进水手动球阀冲洗清除异物或关闭所有阀门更换隔膜。

(5) 更换压力表或清除取压口异物。

9.5.4 火灾报警系统异常控制

【问题描述】

(1) 消防主机提示报警设备离线。

(2) 消防主机提示回路接地。

(3) 消防主机提示监视故障。

(4) 消防主机提示网络节点故障。

【原因分析】

(1) 现场设备线路断开或设备自身损坏。

(2) 通信线路破损、外设接地、总线受强电干扰。

(3) 通信终端电阻故障,模块至外设连线异常。

(4) 通信设备故障,通信线路中断。

【预控措施】

(1) 确保现场设备接线正确,供电正常。

(2) 管线、线缆屏蔽层必须连接并可靠接地,避开强电干扰。

(3) 模块终端电阻应当加冷压端子或锡焊,连接牢固。

(4) 确保通信设备供电和通信链路正常、板卡参数设置正确。

9.5.5 电话广播系统异常控制

【问题描述】

隧道内广播无法正常播放,电话无法正常呼叫和接听。

【原因分析】

(1) 隧道内电话节点主机无电、光纤信号异常。

(2) 现场广播功放工作异常或扬声器故障。

(3) 隧道内紧急电话线路故障。

【预控措施】

(1) 确保现场节点主机的供电正常,防止光纤尾纤被压断。

(2) 确保现场功放的供电正常及功放连接端子接线可靠。

(3) 确保电话线路没有损坏。

9.5.6 无线通信系统异常控制

【问题描述】

隧道内收音机(FM 调频广播)无信号,无线对讲机无法使用。

【原因分析】

(1) 无线对讲(FM 调频广播)设备断电。

(2) 无线对讲(FM 调频广播)泄漏电缆接续损耗大。

(3) 无线对讲(FM 调频广播)天线发生故障。

【预控措施】

(1) 确保现场无线设备的供电。

(2) 泄漏电缆接续严格按照产品说明要求。

(3) 天线的安装位置应避开障碍物,同时避开外力侵扰。

参考文献

[1] 张建武.公路路基路面质量通病成因及施工加固技术[J].交通世界,2017(34):70-71.

[2] 张鹏.公路施工中的软土路基施工技术[J].交通世界,2020(15):48-49.

[3] 戢英.软土地基处理技术及在公路施工中的应用[D].天津:天津大学,2006.

[4] 高秋玲,何金平,张振国.定向钻穿越常见的施工问题处理及工程事故预防[J].天津科技,2020(5):43-46.

[5] 赵炳忠,陈妙初.挡土墙工程质量通病的治理[J].水运工程,2004(11):83-84.

[6] 周朋武,郭峻.浅析加筋土挡墙施工技术控制要点与质量通病防治措施[J].科技视界,2012(26):354-355.

[7] 何庆清.浅谈桥涵台背及挡土墙背回填质量通病和预防措施[J].江西建材,2016(17):178-178,184.